普通高等教育“十三五”规划教材

有色金属冶金实验

王伟　谢锋　主编

北京
冶金工业出版社
2020

内容简介

本书着重介绍了有色金属冶金实验的基本知识、常用仪器与检测方法。全书共分四个部分，分别为高温冶金实验、湿法冶金实验、特殊冶金实验和有色金属冶金实验分析。每个实验包括实验目的、实验原理、设备及材料、实验操作、注意事项、实验记录及思考题等，突出实验过程中多种仪器与检测方法的综合性实验训练。

本书具有较强的专业性和实用性，涉及重金属、稀有金属、稀土元素、贵金属等有关实验，可作为高校冶金工程专业的实验教材，也可供相关企业、研究院所的技术人员、研究人员和管理人员参考。

图书在版编目(CIP)数据

有色金属冶金实验/王伟，谢锋主编.—北京：冶金工业出版社，2020.3

普通高等教育“十三五”规划教材

ISBN 978-7-5024-8355-5

Ⅰ.①有…　Ⅱ.①王…　②谢…　Ⅲ.①有色金属冶金—实验—高等学校—教材　Ⅳ.①TF8-33

中国版本图书馆CIP数据核字(2019)第301029号

出 版 人　陈玉千

地　　址　北京市东城区嵩祝院北巷39号　邮编　100009　电话　(010)64027926

网　　址　www.cnmip.com.cn　电子信箱　yjcbs@cnmip.com.cn

责任编辑　杜婷婷　刘林烨　美术编辑　郑小利　版式设计　禹　蕊

责任校对　郭惠兰　责任印制　李玉山

ISBN 978-7-5024-8355-5

冶金工业出版社出版发行；各地新华书店经销；三河市双峰印刷装订有限公司印刷

2020年3月第1版，2020年3月第1次印刷

787mm×1092mm　1/16；8印张；192千字；119页

28.00元

冶金工业出版社　投稿电话　(010)64027932　投稿信箱　tougao@cnmip.com.cn

冶金工业出版社营销中心　电话　(010)64044283　传真　(010)64027893

冶金工业出版社天猫旗舰店　yjgycbs.tmall.com

（本书如有印装质量问题，本社营销中心负责退换）

本书编委会

主　编　王　伟　谢　锋

编　委　（按姓氏笔画为序）

王兆文　边　雪　金哲男　孙树臣　符　岩

胡宪伟　韩　庆　潘晓林　路殿坤　畅永峰

前　言

课程改革和教材建设是教学改革的一项重要内容，也是落实人才培养方案和教学内容体系改革的重要基础之一。为了进一步深化有色金属冶金工程专业的教学改革，优化课程体系，推进专业课程的教学实施，规范有色金属冶金各领域的实验教学，我们编写了这本涉及有色金属冶金专业课程的实验教材。

本书以东北大学有色金属冶金方向教学体系为基础，参考国内有关实验教学和研究成果，按照高温冶金实验、湿法冶金实验、特殊冶金实验和有色金属冶金实验分析等方面进行编写，实验内容以专业性和综合性实验为主，尽量做到具体研究实验的编写，既注重学生对有色金属冶金基本实验技能的掌握，又突出实验过程中多种仪器与检测方法的综合性实验训练。

本书由东北大学冶金学院有色金属冶金研究方向的部分老师组成编委会编写，并由王伟和谢锋统稿。在编写过程中，编者参阅并引用了国内外有关文献，吸收和借鉴了一些教材的精华，在此对文献作者表示衷心的感谢。本书的出版和有关研究得到了国家自然科学基金（51574072、51434001）和云南联合基金（U1702252）的支持，在此表示感谢。

由于编者水平所限，书中不妥之处，诚请读者批评指正。

编　者

2019 年 10 月

目　录

1 高温冶金实验

冶金熔体（包括金属和炉渣）的物理性质对冶金生产工艺过程的控制有重要作用，冶金熔体的主要物理性质包括黏度、密度、表面张力、熔化温度、导电率等。炉渣的熔化温度（熔化区间）和黏度是冶金熔体的重要物理性质，对冶金过程的传热、传质及反应速率均有明显的影响。在生产中，熔渣与金属的分离，有害元素的去除，能否由炉内顺利排出以及对炉衬的侵蚀等问题均与熔渣密切相关，因此需要了解掌握冶金熔体的特性。

冶金生产所用的渣系（如高炉渣、转炉渣、保护渣、电渣等），无论是自然形成的还是人工配制的，其成分都很复杂，因此很难从理论上确定其熔化温度和黏度，需要经常由实验测定，以便对冶金生产提供一个参考依据。

1.1 炉渣熔点的测定

1.1.1 实验目的

（1）掌握用投影观测法测定炉渣熔点的原理及实验技术；

（2）熟悉本实验仪器设备的使用；

（3）测出某一已知成分炉渣的开始熔化温度和完全熔化温度。

1.1.2 实验原理

熔点是冶金熔体重要的物理化学性质之一。炉渣的熔点与它的组成、化学性质等因素有关。一般说来，它对熔炼的生产量、燃料消耗、反应的完全程度等都有一定的影响。因此，在分析研究造渣过程、比较不同渣系的熔化性、探讨新渣型以及指导生产等方面的工作中，都有必要进行炉渣熔点的测定。

由于有色冶金炉渣的主要组成物质是各种氧化物，这些氧化物在不同的组成和温度条件下可以形成共晶体、固溶体、化合物以及溶液等。因此，渣与纯物质的熔化情况有所不同，纯物质有固定的熔化点，称为熔点，而炉渣的熔化过程是在一定温度区间内进行的，从开始出现液相，缓缓熔化，直至固相消失，变成均匀的液相。开始熔化温度，就是开始出现液相时的温度；完全熔化温度，就是熔体完全变成液相时的温度。通常所谓熔点是指固态完全转变为均一液态时的温度，即液相线温度，其熔化区间的大小也与炉渣的组成和化学性质等因素有关。

测定炉渣熔点的方法很多，本实验采用投影观测法。把一个经过加工成为圆柱形的渣样放入电炉中，并使渣处于光路的光轴上，在平行光源的照射下，经透镜系统放大成像，使影像清晰放大投影在有暗箱的毛玻璃上。在氮气保护下，用自耦变压器调节炉温，观察升温过程中渣样高度的变化，炉温以一定速度升高时，渣样温度也随之上升。热电偶置于渣样下部，用 UJ-31 型低电势直流电位差计，测出与热电偶对消的电势值，通过查找与热电偶型号相对应的“温度毫伏对照表”，查得相应的温度。渣达到一定温度后，渣样开始软化。当渣样边角变成圆滑状或高度为原高度 5/6 时的温度，即定为渣样的开始熔化温度；当渣样变成半圆状或高度为原高度 1/2 时的温度，即定为该渣样的熔点。升温速度、炉内气氛、实验者的判断经验等都对实验的准确性有所影响。本实验采用手动升温，故应严格控制升温速度，以免引起指示温度超前、渣样实际温度低于指示温度的现象发生。当温度升至 1000℃以上时，升温速度应控制在 1h 不大于 50℃。实验者可通过多实验、多观察，为准确判断渣样的开始熔化温度和完全溶化温度积累经验。

根据渣样在溶化过程中温度的高低，熔化时间的长短，可以相对地比较不同渣样的流性。投影观测法也可以测定熔体对不同材质垫片的润湿性。

1.1.3 实验设备及材料

（1）设备：碳化硅管电炉（自制），自耦变压器，交流电压表，交流电流表，程序温控仪，铂-铂铑热电偶，UJ-31 型低电势电位差计，直流复射式检流计；

（2）试剂：N_2，钢玉垫片。

1.1.4 实验步骤

1.1.4.1 渣样制备

（1）将已知成分的炉渣碎块放在不锈钢研钵内研碎，渣样要磨制成通过 75μm，制得的渣粉混匀后，备用；

（2）将渣粉置于瓷蒸发器内，加入少许糊精溶液调剂，进行均匀研混，达到不干不湿为止；

（3）将研混好的渣样粉放在铜质制样器中，用弹簧压棒捣实，制成 3mm×3mm 的圆柱形试样，然后将制样器的紧固螺丝松开，把制样器的中板错开，用定位后的弹簧压棒，将渣样推出；

（4）将制好的渣阴干，或在烘箱内缓慢烘，备用。

1.1.4.2 熔点测定

（1）将垫片（钢玉材质）放在盛样的一端，调好水平，再将准备好的渣样放在垫片上，使渣样处在热电偶工作端的正上方，然后移动炉体，再使渣样位于炉体中部高温区内；

（2）打开高压氮气钢瓶的阀门，使氮气经过净化系统后进入炉内；

（3）调整镜头与双凸透镜的位置，要求在毛玻璃上映出放大 10 倍的渣样图像，并使图像与毛玻璃上的刻度 6mm×6mm 的格相吻合；

（4）手动升温时，开始升温的速度不宜太快，在接近熔化时，要更加缓慢，以免渣样各处受热不均，影响数据的准确测定；

（5）渣样在加热过程中，可随时在毛玻璃上观察，当渣开始熔化时，其影像开始变形，熔化收缩，渣像高度从 6 格下降至 5 格（缩小 1 格）时，熔化开始，此时有液相出现，测出此时的温度即为炉渣的开始熔化温度，渣像降至 3 格（缩小格）时，即为熔点，测出此时的温度，即为炉渣的熔点温度；

（6）在相同条件下，重复测量三次，取其平均值，即获得实验结果。

1.1.5　注意事项

（1）在取、送渣样时，若炉温较高，取送都要缓慢，以防冷却过快致使钢玉材质的送样管炸裂；

（2）控制保护气体氮气的流量，在开始升温时即可通气，但量不宜过大，而且在测量的全过程中保持流量不变；

（3）试验结束后，不要突然断电，以免因电炉温度骤然变化而影响炉管的寿命。

1.1.6　实验记录

将实验数据填写在表 1-1 和表 1-2 中。

表 1-1　炉渣成分

炉渣类型	化学成分（质量分数）/%					
	FeO	SiO_2	CaO	Al_2O_3	MgO	其他

表 1-2　实验记录

序号	时间/h	渣样温度/℃	备注

1.1.7　实验报告要求

在相同条件下，将同一成分的三个渣样重复测得的数据取其平均值，并作为实验结果。

1.1.8　思考题

（1）化合物的熔点指的是什么？

（2）简述熔点的测定方法与原理。

1.2　炉渣黏度的测定

1.2.1　实验目的

（1）掌握测定熔体熔化温度和黏度的原理及方法；

（2）熟悉实验设备的使用方法、适用范围和操作技术；

（3）测定某炉渣黏度随温度的变化规律，并绘出温度—黏度曲线；

（4）分析造成实验误差的原因和提高实验精度的措施。

1.2.2　实验原理

1.2.2.1　黏度定义与单位

由牛顿内摩擦定律知，流体内部各液层间的内摩擦力（黏滞阻力）F 与液层面积 S 和垂直于流动方向二液层间的速度梯度 $\mathrm{d}v/\mathrm{d}y$ 成正比，即：

$$F = \eta \frac{\mathrm{d}v}{\mathrm{d}y}S \tag{1-1}$$

式中，比例常数 η 为黏度系数，简称黏度，单位为 $\mathrm{N \cdot m^{-2} \cdot s}$ 或 $\mathrm{Pa \cdot s}$。过去使用 CGS 制时，黏度的单位为 $\mathrm{g \cdot (cm \cdot s)^{-1}}$，称为泊，符号为 P（$0.01P$ 称为厘泊，符号为 cP）。两种黏度的换算关系为：

$$1\mathrm{Pa \cdot s} = 10P = 10^3 \partial P$$

熔体黏度与其组成和温度有关。组成一定的熔体，其黏度与温度的关系一般可表示为：

$$\eta = C\exp(E_\eta/RT) \tag{1-2}$$

式中，T 为热力学温度，K；R 为摩尔气体常数，$R=8.314\mathrm{J \cdot (mol \cdot K)^{-1}}$；$E_\eta$ 为黏滞活化能，$\mathrm{J \cdot mol^{-1}}$；$C$ 为常数。

1.2.2.2　黏度计工作原理

根据上述黏度定义，黏度计的设计应解决下列三个基本问题：

(1) 在液体的内部液层之间产生一个稳定的相对运动和速度梯度；

(2) 建立速度梯度与内摩擦力之间定量、稳定和单值的关系式；

(3) 内摩擦力的定量显示。

黏度计类型很多，目前，国内冶金院校常用的黏度计主要是旋转型和扭摆型二类。简述如下。

A　旋转型黏度计

旋转型黏度计的基本结构是由两个同轴圆柱体构成的，如图 1-1(a) 所示。用一坩埚，内盛待测液体，构成外柱体。在待测液体轴心处插入一个内柱体。内柱体用悬丝悬挂。实际工作时，既可以采用外柱体旋转（即坩埚旋转法黏度计，这时悬丝顶端固定），也可以采用内柱体旋转（即柱体旋转法黏度计，这时悬丝顶端联结马达轴）。现以外柱体旋转黏度计为例来分析其工作原理。当马达以恒定角速度 ω_0 带动坩埚旋转时，坩埚边缘处液层速度 $\omega_{\mathrm{R=R}}=\omega_0$，坩埚中心处液层速度 $\omega_{\mathrm{R=0}}=0$。于是，液层之间的速度梯度为 $\mathrm{d}\omega/\mathrm{d}R$，线速度梯度为 $R\mathrm{d}\omega/\mathrm{d}R$。代入牛顿内摩擦定律，得液层之间的内摩擦力为：

$$F = \eta 2\pi RhR \frac{\mathrm{d}\omega}{\mathrm{d}R} \tag{1-3}$$

此力最终对内柱体产生力矩为：

$$M = FR = \eta 2\pi R^3 h \frac{\mathrm{d}\omega}{\mathrm{d}R} \tag{1-4}$$

当旋转运动达到稳定状态时，可将上式分离变量积分，得：

$$\eta = \frac{M}{4\pi h\omega_0} \times \left(\frac{1}{R_1^2} - \frac{1}{R_2^2}\right) \tag{1-5}$$

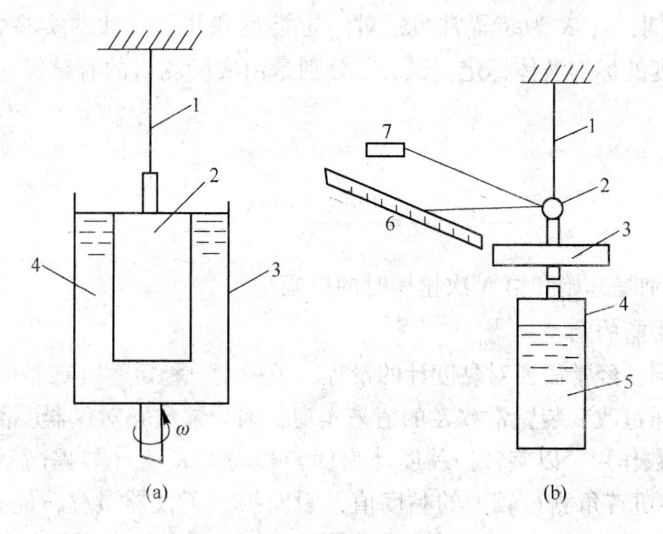

图 1-1 两类常见的黏度计

（a）外柱体旋转黏度计：1—悬丝；2—内柱体；3—外柱体；4—液体；

（b）坩埚扭摆黏度计：1—悬丝；2—反光镜；3—惯性体；4—坩埚；5—液体；6—标尺；7—光源

内摩擦力作用在内柱体上的力矩 M，用一弹性丝的扭转力矩来平衡，得：

$$M = G\theta \tag{1-6}$$

式中，G 为弹性丝切变模量；θ 为弹性丝扭转角。

代入得：

$$\eta = \frac{G}{4\pi h} \times \left(\frac{1}{R_1^2} - \frac{1}{R_2^2}\right) \times \frac{\theta}{\omega_0} \tag{1-7}$$

对于一定的实验装置，G、R_1、R_2 均为常数。如果内柱体插入待测液深度 h 恒定，则：

$$\eta = K\frac{\theta}{\omega_0} \tag{1-8}$$

式中，K 为装置常数，用已知黏度的标准液体标定。

B 扭摆型黏度计

其基本结构与旋转型黏度计相似，也可分为内柱体扭摆和外柱体（即坩埚）扭摆黏度计两种，如图 1-1(b) 所示。扭摆型黏度计量程较窄，灵敏度较高，常用来测低黏度液体的黏度，如液态金属、熔盐等。现以坩埚扭摆黏度计为例说明其工作原理。如果先用外力使坩埚由 0 位（平衡位置）往左扭转一个角度 θ，则去掉外力后，在弹性悬丝的恢复力和系统惯性力作用下，坩埚就在平衡位置左右往复扭转摆动。与此同时，坩埚边缘处液层随坩埚一起以相同角速度扭摆，而中心处液层不动。于是，各液层之间存在速度梯度，从而产生内摩擦力。此内摩擦力最终传递给坩埚，成为坩埚扭摆的阻尼力，使扭摆振幅逐渐衰减。从理论上可以导出扭摆振幅衰减率与液体黏度等性质之间的关系式。但由于太复杂不便使用，因此实际上仍用半经验公式，较常用的公式为：

$$\frac{\rho_t}{\rho_m}(\Delta - \Delta_0) = K\sqrt{\eta\rho_t\tau} \tag{1-9}$$

式中，η 为待测液体黏度，Pa·s；ρ_t、ρ_m 分别是测量温度下和熔点温度下熔体的密度，g/

cm^3；τ 为扭摆周期，s；K 为装置常数，对一定类型和几何尺寸的实验装置是一个常数，用已知黏度和密度的标准液体标定；Δ，Δ_0 分别是由实验测得的有试样和空坩埚时振幅的对数衰减率。

其中，Δ 可表示为：

$$\Delta = \frac{\ln\lambda_0 - \ln\lambda_N}{N} \tag{1-10}$$

式中，λ_0，λ_N 分别是起始和第 N 次扭摆时的振幅。

C　黏度计性能的调整

随着试样不同，经常需要对黏度计的量程、灵敏度、稳定性（或精度）等性能做适当调整。这主要是通过改变装置常数 K 的值来实现，因为常数 K 对仪器设备而言实际上起放大（或缩小）系数作用。以旋转型黏度计为例，若增大 K 值（如提高悬丝的切变模量 G 等），就可用较小扭转角测量较大的黏度值，因而扩大了仪器量程，提高了系统稳定性，但却降低了灵敏度；对扭摆型黏度计，由计算式可知，增大 K 可以提高仪器灵敏度，但却降低了量程和稳定性。因此，对具体试样，应综合考虑各项性能选取适当的装置常数。

提高黏度计的准确度，首先要提高系统稳定性。在此基础上再用高准确度的标准液体进行标定。

1.2.3　实验设备及材料

实验中所使用到的设备及材料包括：内柱体旋转黏度计 1 台，管式电炉 1 台，碳化硅管电炉，二氧化钼电炉或钼丝电炉，控制柜 1 台（ND-3 型），秒表 1 台，稳压器 1 台，箱式电炉 1 台，坩埚若干。

1.2.4　实验步骤

1.2.4.1　旋转型黏度计

当内柱体浸入待测液体一定深度后，由于液体的内摩擦力（黏滞阻力）对内柱体产生的黏滞力矩，使悬丝发生扭转。当扭矩与黏滞力矩平衡时，悬丝便保持一定的扭转角度 φ。

1.2.4.2　黏度计装置常数的标定

将标准蓖麻油注入有机玻璃杯中，杯的内径与盛待测熔渣的坩埚内径一致。杯中蓖麻油的液面高度也与坩埚中熔渣液面大体相同。将此有机玻璃杯放在恒温槽里，使杯内蓖麻油温度恒定后，先测定系统空转时上下光电门的时间差 t_0，然后再将内柱体插入蓖麻油内，插入深度应与插入待测炉渣的深度相同。开动马达，测时间差 t。将测得的 t_0 和 t 代入下式计算黏度计装置常数 K：

$$K = \frac{\eta}{t - t_0}$$

其中，式中的 η 是蓖麻油在杯内温度恒定时的黏度。

1.2.4.3　熔渣黏度测定

将待测渣试样装入坩埚并在炉中熔化。当温度达到预期的实验温度时，恒温 20～

30min。然后将内柱体插入熔渣液面以下一定深度，开动马达，测出上下光电门的时间差 t，由上式计算出 K 值，便可算出熔渣黏度。然后改变温度，测各个温度下熔渣的黏度值。黏度测完后，停止马达转动，将炉温重新升高，使熔渣黏度下降，以便于将内柱体提出液面。若熔渣组成在测定过程中有某些变化，则在黏度测定后，将坩埚中的渣样进行化学分析以确定其组成。

1.2.5 注意事项

（1）仪器常数 K 的标定，通常是有一系列条件的，对该黏度计，K 值会受到钢丝的性质、尺寸、坩埚尺寸、转头形状及插入深度等制约。为确保仪器常数 K 值不变，必须尽量创造条件，使标定 K 值的条件与测定黏度的条件相一致，否则将引起测量误差。

（2）对悬挂系统的安装要牢固，动作要十分小心，以免使悬挂系统脱落。

（3）侧杆、转头、坩埚材质的选择应与炉渣的种类相适应。如含铁高的炉渣，可选用刚玉材质；含铁低的炉渣，则选用刚玉或石墨材质。

（4）炉内气氛的控制是通过进气口向炉内通入不同气体而达到的，如若保持中性气氛，则通入氮气。

（5）碳化硅管或二氧化钼棒均易断裂，操作时应加倍小心。

（6）高温实验，应防止熔渣、高温坩埚和钳子烫伤人，避免烧坏物品。

1.2.6 实验记录

将实验数据填写在表 1-3~表 1-5 中。

表 1-3 炉渣种类和成分

炉渣类型	化学成分/%					
	SiO_2	CaO	FeO	MgO	Al_2O_3	其他

表 1-4 标定 K 值和测定 Δt_0 记录

标液名称	标液温度/℃	黏度/Pa · s	测定平均 Δt_0/ms

表 1-5 熔渣黏度测定记录

序号	测定时间/s	炉渣温度/℃	平均 Δt_0/ms	黏度/Pa · s

1.2.7 实验报告要求

1.2.7.1 处理数据

（1）在仪器常数标定中，根据使用的标液是一种或两种，计算出 K 值或计算出 K 值和 Δt_0 值；

（2）计算出各个温度下熔渣的黏度值；

（3）绘制出熔渣的黏度—温度曲线，并由曲线测定炉渣的溶化性温度。

1.2.7.2　试验报告要求

（1）简述实验原理；

（2）记明实验条件、数据和计算结果；

（3）对实验结果进行讨论。

1.2.8　思考题

（1）电机的转速对时差 $\Delta\tau$ 的测定有无影响？

（2）根据实验数据，分析误差产生的原因及减少误差的改进办法。

（3）根据测温在熔体黏度测定中的地位，如何使温度的测量更准确？

1.3　熔渣熔化温度的测定

1.3.1　实验目的

掌握用试样变形法测定熔渣熔化温度的原理、操作及其适用范围。

1.3.2　实验原理

按照热力学理论，熔点通常是指一液二相平衡共存时的平衡温度。对于复杂多元系，此平衡温度随固液二相成分的改变而改变，因而多元渣的熔化温度应该是一个范围。在降温过程中，液相刚刚析出固相时的温度称为开始凝固温度（在固相熔化时则称为完全熔化温度）；液相完全凝固成固相时的温度称为完全凝固温度（或开始熔化温度）。由于生产渣系的复杂性，实际生产中为了粗略地相对比较熔渣的熔化性质，采用一种半经验的简单办法——试样变形法，来测熔渣的熔化温度。由于多元渣的熔化过程有一个温度范围，随着温度升高，液相量增加，试样形状就会改变。试样变形法就是根据这一原理而设计的。

如图 1-2 所示，随着温度升高，圆柱形试样由图 1-2(a) 经过烧结收缩，然后逐步熔化，试样高度不断降低；如图 1-2(b) 和图 1-2(c) 所示，最后接近全部熔化时，由于试样中液态部分流动性增加导致铺展在垫片上（d），由此可见，只要规定一个高度标记，已知对应的温度就可以相对比较不同渣系的熔化温度高低、熔化快慢和析出液相的流动性。习惯上把试样高度降到 1/2 时的温度称为熔化温度。用试样变形法测得的熔化温度，既不是恒温的，又无平衡可言，所以不是热力学所指的熔点或熔化温度，只是一种实用的相对比较标准。

1.3.3　实验设备及装置

试样装置如图 1-3 所示，共可分为高温加热系统、测温系统和试样高度光路放大观测系统。

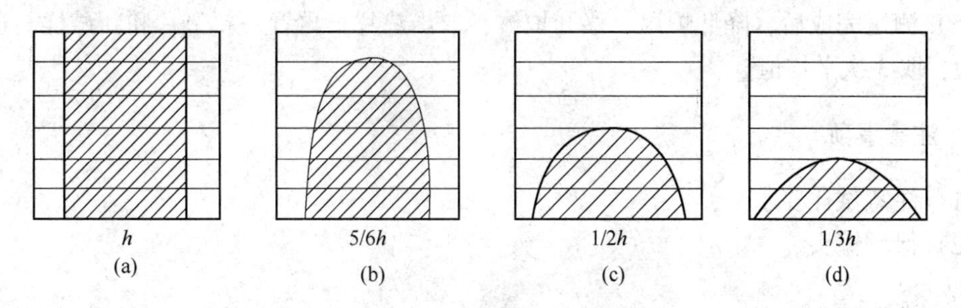

图 1-2　熔化过程试样高度变化

（a）准备试样；（b）开始熔化温度；（c）高度降低 1/2；（d）接近全部熔化

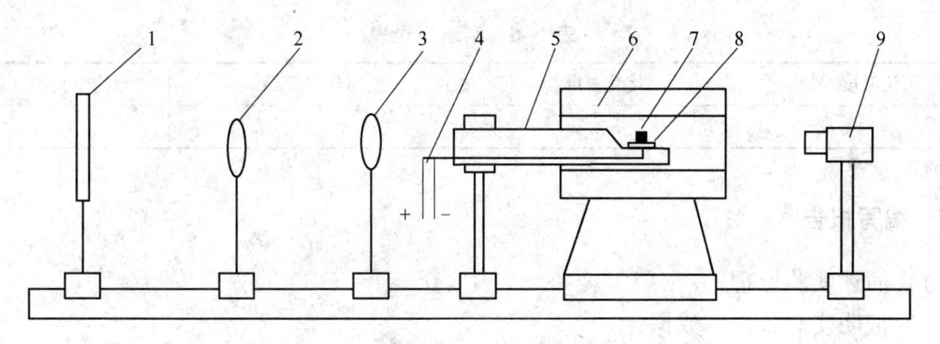

图 1-3　熔化温度测定装置示意图

1—屏幕；2—目镜；3—物镜；4—热电偶；5—支撑管；6—电炉；7—试样；8—垫片；9—投光灯

1.3.4　实验步骤

1.3.4.1　渣样制备

渣样制备分为以下几个部分：

（1）将不同成分渣在不锈钢研钵中研碎，粒度为-75μm，混均成为渣粉待用；

（2）将渣粉置于蒸发皿内，加入少许糊精液均匀研混，使之具有成型能力状态；

（3）将上述湿粉放在制样器中制成 φ3mm×3mm 的圆柱形试样。在制样过程中，用具有一定压力的弹簧压棒捣实，然后推出渣样；

（4）制好的渣样自然阴干，或放在烘箱内烘干。

1.3.4.2　熔化温度测定

熔化温度测定分为以下几个部分：

（1）将垫片放在支撑管的一端，保持水平后再将试样放在垫片上，其位置正好处于热电偶工作端上方，然后移动炉体，使试样恰好位于炉体中部高温区内；

（2）调整物镜、目镜位置，使试样在屏幕上有一清晰的放大像，调整屏幕左右上下位置，使试样的放大像位于屏幕的六条水平刻度线之间，以便判断熔化温度；

（3）用程序温控仪给电炉升温。当温度接近熔化温度时，升温速度控制在 5～10℃/min 间的某一固定值，升温速度既影响所测的温度值，也影响数据的重现性；

（4）在保持一定的升温速度下，不断观察屏幕上试样高度的变化，同时不断记录温度数值，取高度降到 1/2 时的温度为熔化温度；

（5）测定完成后，降低炉温，移开炉体，取出垫片，再置一新垫片和新试样，进行重复实验，取3次平均值。

1.3.5 注意事项

（1）注意试样要水平；
（2）保护镜头。

1.3.6 实验记录

将实验数据填写在表1-6中。

表1-6 实验记录表

熔化温度/℃	熔化温度/℃	熔化温度/℃	平均熔化温度/℃

1.3.7 编写报告

（1）简述实验原理；
（2）记明实验条件，数据；
（3）计算熔渣熔化温度。

1.3.8 思考题

（1）用试样变形法测定炉渣熔化温度为什么要选择一定的升温速度？
（2）为什么不能用试样变形法测得的结果绘制相图？

1.4 熔盐电解中反电动势的测定

1.4.1 实验目的

（1）学习在实验条件下测定铝电解中熔盐反电动势的原理和方法；
（2）测定在不同阳极电流密度时的反电动势。

1.4.2 实验原理

维持铝电解生产所必需的槽电压的组成，可由如下式子表示：

$$V_{槽} = E_{理} + \pi_{阳} + \pi_{阴} + \sum IR_{i} \tag{1-11}$$

式中，$V_{槽}$ 为铝电解的槽电压，V；$E_{理}$ 为氧化铝的理论分解电压，V；$\pi_{阳}$ 为阳极过电压，V；$\pi_{阴}$ 为阴极过电压，V；$\sum IR_{i}$ 为包括阳极压降、阴极压降和电解质压降等在内的各项欧姆压降总和，V；

上式中氧化铝的分解电压等于平衡的电极电位的差值，即：

$$E_{理} = \varphi^{+}_{平衡} - \varphi^{-}_{平衡} \tag{1-12}$$

当有较大电流通过电极时，阳极电位和阴极电位都偏离了平衡电位。因此，实际分解电压等于在一定电流密度下两电极的实际电位之差，即：

$$E_{实际} = \varphi^{+}_{实际} - \varphi^{-}_{实际} \tag{1-13}$$

电极电位偏离平衡电位的现象称为极化；偏离平衡电位的数值称为过电压；由于实际分解电压与外加的槽电压方向相反，故称为反电动势。反电动势与理论分解电压和过电压之间有如下关系：

$$E_{反} = E_{理} + \pi_{阳} + \pi_{阴} \tag{1-14}$$

则式（1-11）可以改写为如下表达式：

$$V_{槽} = E_{反} + \sum IR_{i} \tag{1-15}$$

如果在电解中的某一时刻切断电源，即电流为零，则 $V_{槽}$ 等于 $E_{反}$，图 1-4 是采用光线示波器拍摄断电后的反电动势曲线。

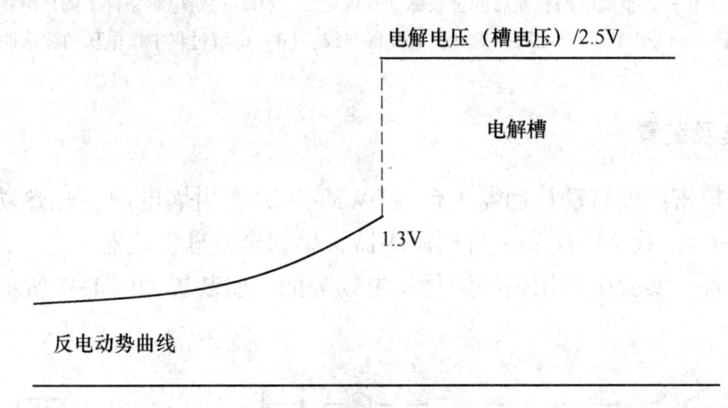

图 1-4　停电后的反电动势曲线（$V_{反}=1.3$V）

若想在电解过程中测量反电动势，那么使用全波脉动直流电压作为铝电解的电源就可以做到。图 1-5 是铝电解的基本电路示意图，图 1-6 是电解电路中各组成部位的电压波形曲线。从图 1-6(c) 中的波形曲线上可以直观地看到，在 $t_1 \sim t_2$ 时间段，由于脉动直流电压大于反电动势使得电解能够进行，这时的电解槽是电路中的负载。在 $t_2 \sim t_3$ 时间段，脉动直流电压小于电动势而使电解中止进行，此时电解槽成为该电路中的电源而向外电路馈电，在电解电路中整流电桥成了负载。因为整流电桥中硅二极管的反向电阻很大，所以电解槽原电池向外电路馈电电流非常小，且馈电时间又短，因此在 $t_2 \sim t_3$ 时间里可以得到电压幅值大小几乎不变的直线段 ab（称之为平台）。如果使用阴极射线示波器测量电解中的

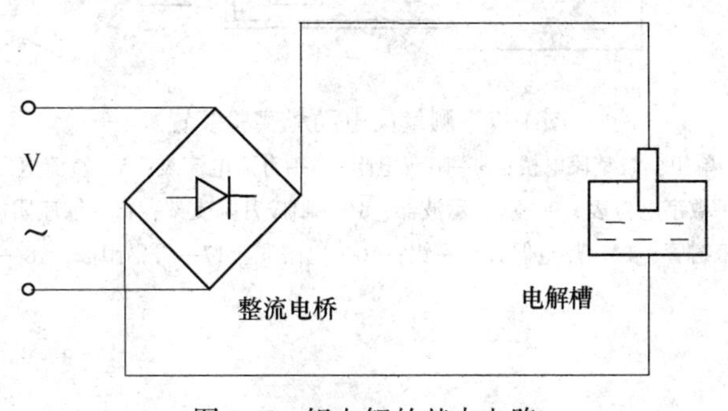

图 1-5　铝电解的基本电路

槽电压，便可以观看到如图 1-6(d) 的电压波形曲线，测量该曲线上平台电压，此电压值即为被测反电动势。

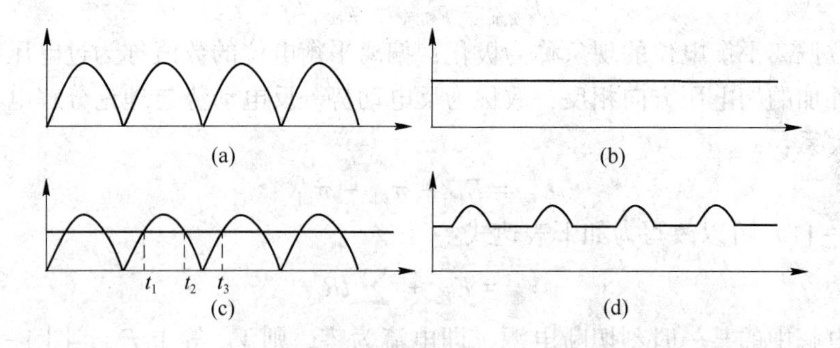

图 1-6 电解电路中不同组成部位的电压波形曲线

(a) 经单相桥式整流电路整流后的全波脉动直流电压；(b) 一定电解条件下的反电动势；(c) 将 (a) 和 (b) 画在同一坐标上的波形曲线；(d) 电解过程中槽电压的波形曲线

1.4.3 实验设备及装置

(1) 设备：精密温度自动控制器 1 台（DWK-702），坩埚电炉（加热功率 5kW），双线示波器（SBD-6），数字电压表，自耦调压器，单相全波硅整流器。

(2) 设备装置。实验中所用到的测量反电动势的实验装置如图 1-7 所示。

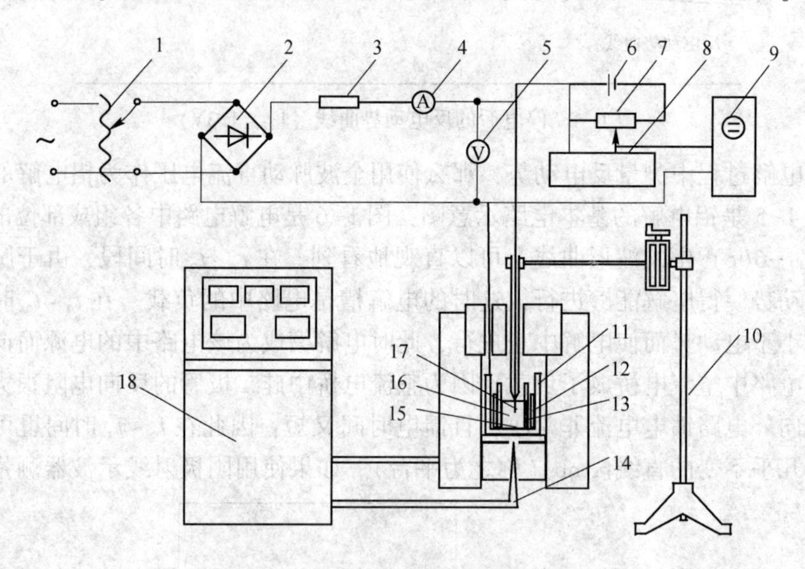

图 1-7 测量反电动势实验装置

1—自耦调压器；2—单相全波整段电桥；3—限流电阻；4—直流电流表；5—直流电压表；6—工作电源；7—精密电位器；8—数字电位表；9—双线示波器；10—阳极升降支架；11—铁座阴极；12—石墨坩埚；13—刚玉衬管；14—热电偶；15—铝；16—电解质；17—石墨阳极；18—控温仪

1.4.4 实验步骤

(1) 配料计算与称量。电解质成分如下所示：

工业冰晶石+氟化钠（化学纯） 88%（质量分数）
工业氧化铝 12%（质量分数）
电解质总质量 150 克
电解质摩尔比 2.8

现有工业冰晶石的摩尔比为2.16，按上述要求，计算所需冰晶石质量和氟化钠质量。按计算的结果使用工业天平进行称量。

（2）将称量好的试料放入烧杯中，混合均匀后再置入石墨坩埚中。

（3）待加热炉炉温升至600℃左右时，将装有物料的石墨坩埚放入炉内，再将刚玉衬管放置在物料上面，待物料融化后可自然落入坩埚中。

（4）物料完全融化后加入约10g的铝块。

（5）炉温达到要求后先用钎子测量电解质深度，以便确定阳极插入深度。

（6）插入阳极，插入阳极时应先判断阴极地表面与熔体液面刚接触时的初始位置，然后再调整阳极升降支架时阳极插入的所需深度。

（7）调节自耦调节器输出电压，使电解电流在规定条件下电解20min。

（8）测量。实验测量分为以下几个步骤：

1）事先打开示波器和数字电压表电源开关，让其充分预热；

2）调节好示波器的亮度和聚焦；

3）将“x轴选择”开关指向“连续”位置，并调节“位置1”和“位置2”旋钮，使两条扫描在光屏中间偏下一点的位置重合；

4）将量程开关置于“15伏”的位置；

5）连接测试电路。再调节扫描时间和扫描时间微调旋钮，使光屏上出现2~4个稳定的波形即可；

6）观察电压波形曲线并调节分压电路精密电位器旋钮，使电压波形曲线下移至波形曲线上的平台与基线（另一条不动的扫描线）重合为止，读取数字万用表上的数值，该数值即为被测反电动势。

（9）关机与停炉。

测量结束后可关闭示波器和数字万用表的电源开关，并将自耦调压器的旋柄复原到起始位置，取出阳极并断开控温仪开关电源，取出刚玉内衬试管，用坩埚钳将石墨坩埚中电解质倒入事先预热的铸模内。

1.4.5 注意事项

（1）使用的试料应预先在400℃温度下焙烧一小时，否则试料中含有的水分在装料时容易产生“喷料”事故。

（2）示波器开机后要有足够的预热时间，否则扫描线会产生偏移。为减少测量误差，最好每次测量前将测试线夹从电路中取下并短接，重新调整位移旋钮，使两条扫描线完全重合后再将测试线夹接入电路中。

（3）倒出电解质前，一定要将铸模烘热。

（4）倾倒电解质时，注意自身防御避免烫伤。

1.4.6 实验记录

将实验数据填写在表1-7和表1-8中。

表1-7 电解质组成及质量

电解质组成	NaF/AlF_3（摩尔比）	NaF	Al_2O_3

表1-8 部分电解条件

电解温度/℃				
阳极直径/cm				
插入深度/cm				
电极极距/cm				
电流密度（阴极）/$A \cdot cm^{-2}$				
电流密度（阳极）/$A \cdot cm^{-2}$				
槽电压/V				
反电动势/V				

1.4.7 实验报告要求

（1）简述实验原理；

（2）记录实验条件、数据；

（3）依据实验测定的数据绘制出阳极电流密度与反电动势的关系曲线；

（4）讨论阳极电流密度对反电动势的影响原因。

1.4.8 思考题

（1）利用切断正常电解电流的方式（断电）测量反电动势时，对测量仪器有什么要求，为什么？

（2）如果需要测量阳极过电压的大小，应对实验装置做哪些改动？简述测量原理。

1.5 熔盐电解中临界电流密度的测定方法

1.5.1 实验目的

（1）学习在实验室条件下测定阳极临界电流密度的方法；

（2）观察与了解阳极效应方法；

（3）测定在不同氧化铝浓度时的临界电流密度。

1.5.2 实验原理

临界电流密度是指在一定条件下，当阳极电流密度增大到一定数值时能够发生阳极效应时的阳极电流密度。若电流密度高于临界电流密度，则阳极效应发生；相反，当阳极电流没达到临界电流密度时，则不发生。

在熔盐电解时，阳极效应是一种常见的特征现象，阳极效应通常伴随以下几个特点：

(1) 在阳极与电解质之间，有大量气泡不断析出，阳极周围电解质产生“沸腾”；

(2) 在阳极周围会产生明亮的小火花，并伴随着声响；

(3) 在工业生产中，阳极效应产生时，会造成电解槽电压突然上升，电流突然下降。

发生阳极效应的机理比较复杂，人们尚未达成共识，而就实践结果来看，如果电解质中的氧化铝含量低于1%~2%时，便可能发生阳极效应。

造成氧化铝含量过低有以下几个原因：

(1) 电解质温度低，氧化铝在电解质中溶解度降低；

(2) 电解加工下料不足；

(3) 解质水平低，电解质数量少，溶于电解质中的氧化铝数量少。

尽管产生阳极效应的机理尚未探明，但此现象早已被人们熟知。铝电解时发生阳极效应的原因，显然同阳极表面生成某些化合物和积聚气体有关。当电解质中的氧化铝浓度降低到0.5%~1.0%时，处于阳极近层液中的离子可能是桥式 $[AlF_5-O-F_5Al]^{6-}$ 离子。当发生这种情况，阳极气体中已有少量的四氟化碳（0.4%~2%），由于氟离子在阳极上放电逐渐增多，阳极过程便愈加迟滞，阳极过电压增大，阳极便从活化状态转向钝化状态。也就是说电解质对阳极的湿润性变坏，阳极气体开始大量积聚在阳极上，使阳极电阻增大，阳极电流密度也随之增大，当达到或超过某一临界值时，便产生许多细小电弧，发生阳极效应。

如图1-8所示，由原始状态 a 增加电流，一直到 b 点时，电压直线升高，ab 段为正常电解过程。当电流到达 b 时，则电压突然升高，电流突然下降，此时阳极效应发生。b 点的相应电流为临界电流；发生阳极效应时电压由 b 猛增到 c，c 点的电压称为阳极效应电压。在阳极效应下再提高电流强盗，电压则沿着 cd 线上升。到达电源最大值 d 点后，电流逐渐减小，则 $I-E$ 曲线不按原路返回。这说明已发生阳极效应的阳极具有与前不同的特点，电压下降到远低于发生阳极效应的电压（准稳定状态）。此时，由于突发状况停止效应，恢复到原状态 a 点。这是阳极效应 $I-E$ 曲线的整个过程。

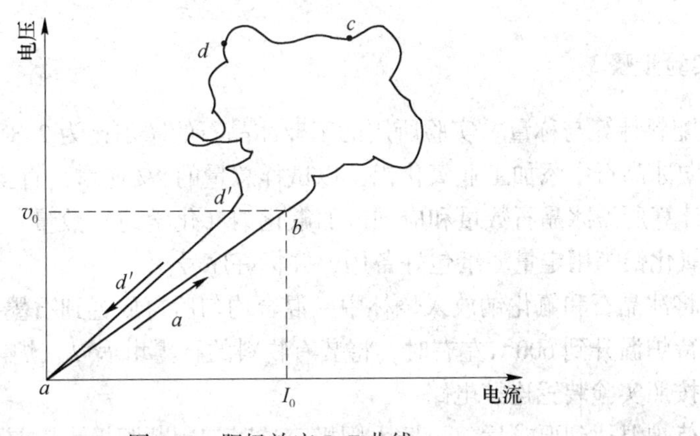

图1-8　阳极效应 $I-E$ 曲线

如果从 I-E 曲线上得出临界电流值，同时测量出阳极浸入电解质中的面积，则可计算出临界电流密度即：

$$D_{临} = I_{临} / S_{阳} \tag{1-16}$$

式中，$D_{临}$ 为临界电流密度，A/cm^2；$I_{临}$ 为临界电流强度，A；$S_{阳}$ 为阳极浸入电解质中的面积，cm^2。

1.5.3 实验设备及材料

（1）设备：精密温度自动控制器，坩埚电炉，直流电流表，直流电压表，自耦调压器，硅整流器，函数记录仪，示波器。

（2）材料：冰晶石，氟化钠。

（3）设备装置：实验中所用到的测定临界电流密度的实验装置如图 1-9 所示。

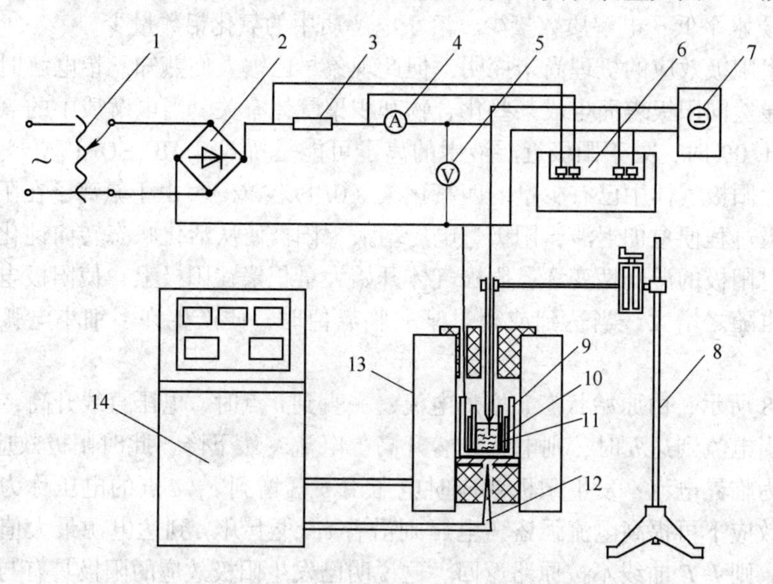

图 1-9 测定临界电流密度实验装置

1—变压器；2—整流器；3—限流电阻；4—电流表；5—电压表；6—函数仪；7—示波器；8—电极架；9—石墨坩埚；10—阳极铁坩埚；11—电解质；12—热电偶；13—加热炉；14—控温仪

1.5.4 实验步骤

（1）配料计算与称量。实验所用的工业冰晶石的摩尔比为 2.8，用量 15g。

每次向冰晶石中添加工业氧化铝，以试样总量的 2%递增，直至总量的 8%为止。按照实验要求计算所需冰晶石数量和应加入的氟化钠（化学纯）数量，并用工业天平称取，将称量好的氧化铝等用定量滤纸包好备用，并标好序号。

（2）将冰晶石和氟化钠放入烧杯中，混合均匀后再放置到石墨坩埚中。

（3）待炉温升到 600℃左右时，将装有物料的石墨坩埚放入炉内。

（4）按照实验装置连接电路。

（5）待炉温达到要求后，可插入阳极，这时需判断阳极表面与熔体液面刚接触时的初始位置，然后调节阳极升降支架使阳极到达所需深度，以便准确地测定阳极插入电解池中的面积。

（6）测量。在将函数记录仪连接电源之前，先检查以下各开关，如旋钮位置、量程选择、抬笔记录位置等。打开电源开关，将“*Y*-测量”开关指向测量位置，调整 *X* 轴调零旋钮；将记录笔移动到坐标原点，按照实际选择 *X* 轴和 *Y* 轴量程；缓慢均匀地调节自耦调压器，使输出电压由 0 逐渐增加到 80V，然后将自耦调压器缓慢均匀调回到初始位置，并完成 *I*–*E* 曲线记录；

每完成一次 *I*–*E* 记录之后，都需要更换一个新阳极，同时添加一次氧化铝，并搅拌均匀，待氧化铝完全溶解后按照前述过程绘制出不同氧化铝含量下的 *I*–*E* 曲线。

（7）关机与停炉。测量结束后，可断开函数记录电源开关，取出阳极，用坩埚钳将坩埚中的电解质溶液倒入事先准备好的铸模中，并切断电源总开关。

1.5.5　注意事项

（1）使用的试料应预先在 400℃温度下焙烧一小时，否则试料中含有的水分在装料时容易产生“喷料”事故；

（2）连接好电路以后，应该在指导教师检查同意后方可使用；

（3）选择函数记录仪时，注意选择适合的量程；添加氧化铝时，注意添加氧化铝数量不要弄混；

（4）倾倒电解质时，注意自身防御避免烫伤。

1.5.6　实验记录

将实验数据填写在表 1–9 中。

表 1–9　部分电解条件

氧化铝含量（质量分数）/%					
阳极导电面积/cm^2					
临界电流强度/A					
电解温度/℃					

1.5.7　实验报告要求

（1）简述实验原理；

（2）记录实验条件，数据；

（3）计算不同氧化铝条件下临界电流密度，并绘制出氧化铝含量与临界电流密度的关系曲线。

1.5.8　思考题

（1）阳极效应发生时会伴随哪些现象，这些会在哪些方面体现？

（2）阳极效应的存在对实际电解生成中带来哪些影响？并运用所学知识简要提出措施。

1.6 熔盐初晶温度的测定

1.6.1 实验目的

（1）掌握熔盐初晶温度的测量方法；

（2）熟悉控温仪和直流电位计等设备的使用方法和原理；

（3）掌握热电偶的校正原理。

1.6.2 实验原理

对于纯晶体物质来说，在一定的压力和条件下，都有固定的凝固点。凝固点是指晶体物质凝固时的温度，当压强一定时，晶体的凝固点与其熔点相同。对于由两种或者两种以上成分组成的物质，初晶温度是指当温度改变，同时开始析出第一粒固相晶粒时的温度。初晶温度是熔盐电解质的重要性质之一，是制定熔盐电解工艺的重要依据。

对于初晶温度的测定可分为热分析法和差热分析法。差热分析法是指记录同一温度场中以一定温度加热或冷却的试样和基准体之间温度差的温度测量方法；差热分析法是指记录样品在加热或冷却过程中的时间与温度曲线。如果体系在加热或冷却过程中无任何相转变发生，则在同一时间内温度曲线呈规律性变化。一旦出现相转变，通常会伴随着放热或者吸热现象。这将会在温度曲线上得到体现，在加热或者冷却曲线上出现斜率的变化，根据这些曲线斜率的变化转折点就可以确定相转变发生的温度。其中，冷却曲线法是观察体系自高温逐渐冷却过程中温度与时间之间的变化关系。对于高温熔体来说，冷却曲线上第一个斜率转变点就是该组成下的初晶温度。

本实验采用冷却曲线法来测定熔体的初晶温度。

在实验过程中，热电偶的温度较低的一端不能处于0℃的环境中，需要进行修正处理，通常需要对热电偶进行校正，其表达式为：

$$E_{热} = E_{记录} + E_{冷端} + E_{校正} \tag{1-17}$$

式中，$E_{热}$ 为真实电势值，V；$E_{记录}$ 为测量记录电势值，V；$E_{冷端}$ 为室温对应电势值，V；$E_{校正}$ 为校正温度对应电势值，V。

在实验过程中可以直接得到 $E_{记录}+E_{冷端}$ 所对应的温度值，而 $E_{校正}$ 所对应的温度即为使用标准熔盐校正热电偶时的校正温度值，此时熔盐初晶温度表达式为：

$$T_{初晶} = T_{读} + T_{校正} \tag{1-18}$$

式中，$T_{初晶}$ 为熔盐初晶温度，℃；$T_{读}$ 为冷却曲线斜率变化点温度，℃；$T_{校正}$ 为热电偶校正温度，℃。

1.6.3 实验设备及材料

（1）设备：铁坩埚，石墨坩埚，温度控制器，数字电位差计（UJ33D-2），高温炉，热电偶（LB-3），计算机温度记录系统，温度计。

（2）材料：氯化钠。

（3）设备装置：实验中所用到的熔盐初晶温度的测量装置如图 1-10 所示。

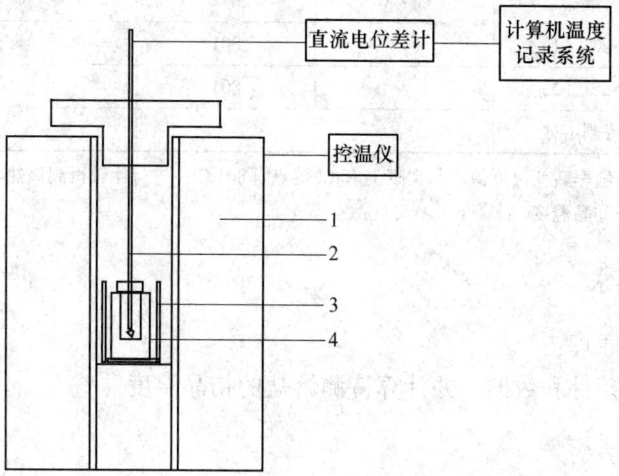

图 1-10 熔盐初晶温度测量装置

1—加热炉；2—热电偶；3—铁坩埚；4—石墨坩埚

1.6.4 实验步骤

热电偶的校正步骤如下：

（1）仪器设备连接正常后，称取 20g NaCl（分析纯）装入石墨坩埚中，再将石墨坩埚放入铁坩埚中，放入炉膛内适当位置，设定控温仪的控温程序，进行升温实验；

（2）熔盐融化后，用工作热电偶测试温度，注意热电偶在熔体中的位置，使其既不能接触坩埚壁，又不能接触坩埚底部；

（3）调整控温仪的功率，使加热炉降温，记录该熔体的温度时间曲线，当曲线出现转折或停顿点后，一段时间后升温至降温前温度；

（4）记录熔体冷却曲线上转折点的温度值，并重复（2）（3）步骤；

（5）取出测温热电偶，将坩埚中的熔体倒入预先烘干的铸模中。

测定待测熔盐的初晶温度的步骤为：称取待测熔盐 20g，装入石墨坩埚中，再将石墨坩埚放入铁坩埚中，送入电炉中加热，重复（2）~（5）步骤，最后关闭所有设备电源。

1.6.5 注意事项

（1）使用的试料应预先在高温下烘干 1h，否则试料中含有的水分在装料时容易产生“喷料”事故；

（2）连接好电路以后，应该在指导教师检查同意后方可使用；

（3）倾倒坩埚中物质时，注意自身防御避免烫伤。

1.6.6 实验记录

将实验数据填写在表 1-10 中。

表 1-10 实验记录表

序号	熔盐	$T_{读}$/℃	T_{NaCl}/℃	$T_{校正}$/℃	$T_{初晶}$/℃
1	NaCl（1）		801		
2	NaCl（2）		801		
3	待测熔盐				

注：（1）热电偶校正时，斜率转变温度值，与文献上 NaCl 熔点（801℃）进行比较得到该热电偶的校正温度值；
（2）计算待测熔盐的初晶温度。

1.6.7 实验报告要求

（1）简述实验原理；
（2）记录实验条件和数据，并计算待测熔盐的初晶温度。

1.6.8 思考题

（1）测量熔盐初晶温度的方法有哪些，各有什么优缺点？
（2）常用热电偶的冷端温度处理方法有哪些？

1.7 低品位铝矿资源烧结法制备氧化铝

1.7.1 实验目的

（1）熟悉碱石灰烧结法的原理和工艺流程；
（2）掌握熟料烧结和浸出过程的基本操作；
（3）学习溶液中苛碱、氧化铝以及二氧化硅浓度的测定原理与方法。

1.7.2 实验原理

低品位矿石是指在当前的技术经济条件下，接近而未达到经济平衡品位或某一盈利品位的矿石，以及低于最低工业品位的表外矿石。这部分矿石是数量很大的一批资源。随着工业建设发展对矿物原料的要求日益提高，地质找矿工作的难度不断增加，勘探难度加大，易开采的富矿富减少，建设新矿山的难度也相应增大。因此，为了充分利用矿产资源，充分发挥生产矿山的生产潜力，提高矿山经济效益，并在已开发矿区合理利用低品位矿石成为十分重要而又具现实意义的工作。本实验通过烧结法，以低品位铝矿资源为原料，制备氧化铝。

在碱石灰烧结法中，通过高温烧结过程使原料中的氧化物转变为铝酸钠 $Na_2O \cdot Al_2O_3$、铁酸钠 $Na_2O \cdot Fe_2O_3$、原硅酸钙 $2CaO \cdot SiO_2$ 和钛酸钙 $CaO \cdot TiO_2$。铝酸钠易溶于水和稀碱溶液，铁酸钠易水解为 NaOH 和 $Fe_2O_3 \cdot H_2O$ 沉淀，而原硅酸钙和钛酸钙不与溶液反应而全部沉入沉淀。因此，在有这四种化合物组成的熟料中，用稀碱溶出时，可溶出 Al_2O_3 和 Na_2O，将其余杂质分离除去，得到的铝酸钠溶液经过净化精制，通入 CO_2 气体，降低其稳定性，便析出氢氧化铝。这个过程叫作碳酸化分解。碳酸化分解后的溶液称为碳分母液，主要成分为 Na_2CO_3，用来进行配料。因此在烧结法中，碱也是可以循环使用的。

1.7.3　实验设备及材料

（1）设备：混料用混料机，熔炼系统设备为 SiC 电阻炉，破碎用制样机，感量为 0.01g 的电子天平。

（2）试剂：高铅渣（取自国内铅冶炼厂）及含铅废料，CaO 试剂和 SiO_2 试剂粉煤（取自国内某铅冶炼厂），刚玉坩埚（定做），搅拌勺和坩埚钳，防护服、防护头盔、防护眼镜和防护手套。

1.7.4　实验步骤

（1）仔细观察碱石灰烧结法中的设备与装置的基本结构，了解和熟悉高温反应炉的构造，并学会其操作使用。

（2）检查高温反应炉装置是否完好。

（3）按照工业生产要求计算并配制铝土矿生料。

（4）在高温反应炉中装入一定量的铝土矿生料，安装好装置，开始加热升温到设定温度 1200~1300℃的高温完成烧结过程，得到合格的熟料。

（5）熟料经冷却破碎后，用稀碱溶液湿磨溶出，过滤得到铝土矿溶出液。

（6）对铝土矿溶出液成分及结构进行分析。

1.7.5　注意事项

（1）实验过程中，严格按照实验步骤进行；

（2）实验过程中一定要佩戴防护用具；

（3）实验过程中认真做好实验记录，总结实验规律。

1.7.6　实验记录

对实验过程中控制的所有因素进行认真记录，根据还原铅的质量或者渣含铅量可计算出铅的回收率。

将实验数据填写在表 1-11 和表 1-12 中。

表 1-11　实验条件表

组号	坩埚质量/g	混合料质量/g	熔炼温度/℃	熔炼时间/min
1				
2				
3				

表 1-12　实验记录表

组号	混料量/g	烧结质量/g
1		
2		
3		

1.7.7 实验报告要求

（1）简述低品位铝土矿烧结原理及方法；
（2）注意表明实验条件，书写规范。

1.7.8 思考题

（1）烧结过程中需要注意的因素，为什么？
（2）本实验应用的烧结原理及方法与目前工业上生产氢氧化铝的方法是否相同？

1.8 再生铅的回收

1.8.1 实验目的

（1）了解再生铅原料的来源及回收意义；
（2）了解铅冶炼工艺、原理及方法，以及熔炼过程中物相转变及渣金分离原理；
（3）通过实验研究，使实验人员清楚地认识到再生铅回收的重要性和可行性；
（4）考察实验过程中的各影响因素对铅回收率的影响，分析和总结提高铅回收率的途径。

1.8.2 实验原理

铅是一种金属化学元素，元素符号为Pb，原子序数为82，原子量为207.2，是原子量最大的非放射性元素。铅金属为面心立方晶体。

金属铅是一种耐蚀的重有色金属材料，铅原本的颜色为青白色，在空气中表面很快被一层暗灰色的氧化物覆盖。铅具有熔点低、耐蚀性高、X射线和γ射线等不易穿透、塑性好等优点，常被加工成板材和管材，广泛用于化工、电缆、蓄电池和放射性防护等工业部门。现代炼铅法克服了传统的烧结焙烧—鼓风炉还原熔炼工艺，根本上解决了烧结低浓度SO_2、烟尘的污染和治理问题。现代炼铅法也叫直接熔炼法，如氧气底吹直接熔炼法（简称QSL法）、氧气底吹炼铅法（简称SKS法）、氧气顶吹转炉法（如卡尔多炉熔炼法）、基夫赛特熔炼法和闪速熔炼法等。这些方法的氧化阶段都会得到硅酸铅为主的高铅渣，含铅量可达50%以上。高铅渣在高温下用碳质还原剂还原即可得到金属铅，这部分铅习惯上称为原生铅。

高铅渣还原采用的是碳热还原法，即在一定温度下，以无机碳作为还原剂所进行的氧化还原反应。其热力学依据是：金属氧化物的生成自由能变化$\Delta G_{T(MO)}$是随温度的升高而逐渐增高（负值变小），而一氧化碳的生成自由能变化$\Delta G_{T(CO)}$却是随温度的升高而明显降低（负值变大），所以当温度升高到$\Delta G_{T_{(CO)}}-\Delta G_{T_{(MO)}}<0$时，原来在低温下不能进行的反应变得能够进行。总反应方程式为：

$$PbO(l) + C(s) = Pb(l) + CO(g)$$

$$PbO(l) + CO(g) = Pb(l) + CO2(g)$$

反应主要为气液固反应，PbO经C(或CO)还原后产生铅液滴并分散在熔渣中，铅液滴经过碰撞富集，利用金属铅和熔炼渣的比重差，沉降至反应器底部。

影响铅还原率的主要因素有还原剂加入量、碱度、还原温度和还原时间等。充足的还原剂量可保证较高的铅还原率，但是高铅渣中含有 ZnO、FeO 等金属氧化物，过量的还原剂会导致 Zn、Fe 等金属的还原，因此需要适宜的还原剂量。碱度会对熔渣性质（如黏度、密度、熔化温度等）产生重要影响，不仅影响铅的还原效果，也会影响金属铅和熔炼渣的有效分离，进而影响铅还原效率。

1.8.3 实验设备及材料

（1）设备：混料用混料机、熔炼系统设备（SiC 电阻炉）、破碎用制样机、感量为 0.01g 的电子天平。

（2）材料：高铅渣（取自国内铅冶炼厂）及含铅废料；CaO 试剂和 SiO_2 试剂；粉煤（取自国内某铅冶炼厂）；刚玉坩埚（定做）；搅拌勺和坩埚钳；防护服、防护头盔、防护眼镜和防护手套。

1.8.4 实验步骤

1.8.4.1 配料

实验中配料分为以下几个步骤：

（1）将高铅渣、无烟煤、溶剂进行配比计算，算出各组分所需的量，按照计算结果称重并加入混料罐中；

（2）将混料罐放置到混料机上，在一定转速下混料 10min；

（3）混料结束后，取下混料灌，将混合物料转移到刚玉坩埚中，准备下一步熔炼。

1.8.4.2 熔炼

实验中熔炼分为以下几个步骤：

（1）将装有混合物料的刚玉坩埚用坩埚钳放入炉膛中，设定升温程序，并运行程序；

（2）开启排风装置，把产生的烟气及时排到室外；

（3）待温度达到熔炼温度后，用搅拌勺进行搅拌；

（4）熔炼结束后，用坩埚钳取出坩埚，置于空气中冷却，电炉按照程序降温。

1.8.4.3 取样、制样和分析

实验中取样、制样和分析分为以下几个步骤：

（1）待坩埚冷却至室温，用铁锤将坩埚破碎，分离金属铅和还原渣，铅块称重；

（2）将分离出的还原渣置于破碎罐中，用破碎机进行破碎，破碎结束后取出还原渣粉末，送至化验分析。

1.8.5 注意事项

（1）实验过程中，严格按照实验步骤进行；

（2）实验过程中一定要佩戴防护用具；

（3）实验过程中认真做好实验记录，总结实验规律；

（4）整理好数据，写出实验报告。

1.8.6 实验记录

实验过程中控制的所有因素进行认真记录。根据还原铅的质量或者渣含铅可计算出铅的回收率。

将实验数据填写在表 1-13 和表 1-14 中。

表 1-13 实验条件表

组号	坩埚质量/g	含铅废料配比（质量分数）/%	无烟煤加入量/g	CaO 或 SiO_2 加入量/g	混合料质量/g	熔炼温度/℃	熔炼时间/min
1							
2							
3							

表 1-14 实验记录表

组号	混合料中铅含量/g	还原铅质量/g	熔炼渣质量/g	渣含铅（质量分数）/%	铅回收率/%
1					
2					
3					

1.8.7 实验报告要求

（1）简述铅冶炼工艺、原理及方法，以及熔炼过程中物相转变及渣金分离原理。

（2）铅回收率计算公式为：

$$R_{Pb} = \left(1 - \frac{m_{slag} \times \omega(Pb)_{slag}}{m_{Pb,t}}\right) \times 100\% \quad (1-19)$$

$$R_{Pb} = \frac{m_{Pb}}{m_{Pb,t}} \times 100\% \quad (1-20)$$

式中，m_{Pb} 为还原出来的金属铅质量，g；m_{slag} 为还原渣质量，g；$\omega(Pb)_{slag}$ 为还原渣中铅的含量（质量分数），%；$m_{Pb,t}$ 为混合料中铅的总质量，g。

1.8.8 思考题

（1）还原剂选择无烟煤的原因是什么？

（2）还原过程中，有时会冒出白烟是什么原因？

（3）配料过程中，有时会配入 CaO 或 SiO_2 试剂是什么原因？

（4）实验过程中哪些因素对铅回收率影响比较大？

1.9 镍精矿的氧化焙烧

1.9.1 实验目的

（1）了解和掌握镍精矿氧化焙烧的原理的实验方法；

（2）了解焙烧条件对脱硫效果的影响；

（3）学习使用控温仪和竖式炉。

1.9.2 实验原理

镍是一种金属化学元素，化学符号为 Ni，原子序数为 28，原子量为 58.69，属周期系Ⅷ族。古代埃及、中国和巴比伦人都曾用含镍量很高的陨铁制作器物，中国古代云南生产的镍矿中含镍量就很高。1751 年瑞典 A. F. 克龙斯泰德用木炭还原红镍矿制得金属镍，其英文名称来源于德文 Kupfernickel，含义是假铜。镍矿在地壳中的含量（质量分数）为 0.018%，镍矿主要矿物有镍黄铁矿、硅镁镍矿、针镍矿或黄镍矿、红镍矿等。海底的锰结核中镍的储量很大，是镍的重要远景资源。

镍矿种类很多，自然界广泛存在的镍硫化矿是（Ni，Fe）S，相对体积质量为 5，硬度为 4，其次是针硫镍矿 NiS，比重为 5.3，硬度为 2.5。硫化镍矿床的矿石按硫化率，即呈硫化物状态的镍（SNi）与全镍（TNi）之比将矿石分为：原生矿石 [w(SNi/TNi)>70%]；混合矿石 [w(SNi/TNi)= 45%~70%]；氧化矿石 [w(SNi/TNi)<45%]。硅酸镍矿石按氧化镁含量分可为：铁质矿石 [w(MgO)<10%]；铁镁质矿石 [w(MgO)= 10%~20%]；镁质矿石 [w(MgO)>20%]。镍矿石的主要有害杂质有铜（在硅酸镍矿中）、铅、锌、砷、氟、锰、锑、铋、铬等。特富矿石 w(Ni)>3%；富矿石 w(Ni)= 1%~3%；贫矿石 w(Ni)= 0.3%~1%。富矿石及贫矿石需经选矿，特富矿石可直接入炉冶炼。硫化镍矿石按镍含量可分下列三个品级。

工业要求：（1）原生矿石 w(SNi/TNi)>70%；（2）混合矿石 w(SNi/TNi)= 45%~70%；（3）氧化矿石 w(SNi/TNi)<45%。

氧化焙烧是指使物料中的全部或部分硫化物转变为氧化物的焙烧方法。氧化焙烧是焙烧方法中应用最广泛的一种，目的是为了获得氧化物，并回收其中的热量、有价成分，以及使对生物有害的 S 和二氧化硫气体转化为有用的商品。此外，有时为了挥发除去硫化矿中的砷和锑等有害杂质，也需进行氧化焙烧。氧化焙烧是硫化矿的氧化脱硫过程，如镍的熔炼，便先要将镍的硫化物变成氧化物后，再还原成金属。

硫化物的氧化是放热反应，并且当硫化物受热至着火温度时，其热效应能使过程在不需外加热的条件下自发进行。硫化物氧化成氧化物的反应，其标准吉布斯自由能变化都具有相当大的负值，从热力学角度衡量反应都能进行到底，因此硫化矿的氧化焙烧不需补充燃料。

为使这种焙烧的反应继续进行，必须提供足够高的温度和氧气。在空气中加热硫化矿达到某一温度后，反应便成为连续进行的状态，这一温度称为着火点。一般因硫化矿的种类和粒度而异，实际上，焙烧是在比着火点高得多的温度下进行的，因为在着火点附近的温度下，其氧化反应速度缓慢。

按硫化物中所含的全部或部分硫氧化为 SO_2 而除去的方式又分为全氧化焙烧（或死烧）和半氧化焙烧。当金属硫化物须首先变成氧化物而后还原成金属，同时若有硫残存对金属回收率和炉况等有不良影响时，需要进行全氧化焙烧；当熔炼需要残留部分硫时，便采用半氧化焙烧。

氧化焙烧大多属熔炼前的炉料准备作业，按焙烧产物形状又可分为粉末焙烧和烧结焙烧。粉末焙烧的产物是焙砂。在20世纪50年代以前，世界各国广泛采用机械耙动多膛炉进行粉末焙烧。由于多膛炉生产能力低，已逐渐被先进的流态化焙烧炉所代替。

镍精矿的氧化焙烧反应属于气—固反应类型。氧化焙烧是在氧化气氛中和低于焙烧物料熔点的温度下进行的。当焙烧反应在较高的温度进行，并且有过量的氧气存在时，则采用高的 PO_2/PSO_2 比，镍、铁、铜的硫化物可以被完全氧化为氧化物。

1.9.3 实验设备及装置

（1）设备：精密温度自动控制器1台（DWK-702）；竖式炉1台；自制耐火坩埚1个；毛细管流量计1个；尾气吸收装置1套；型密封式粉碎机1台（6J-Ⅱ）。

（2）实验装置。实验装置如图1-11所示。

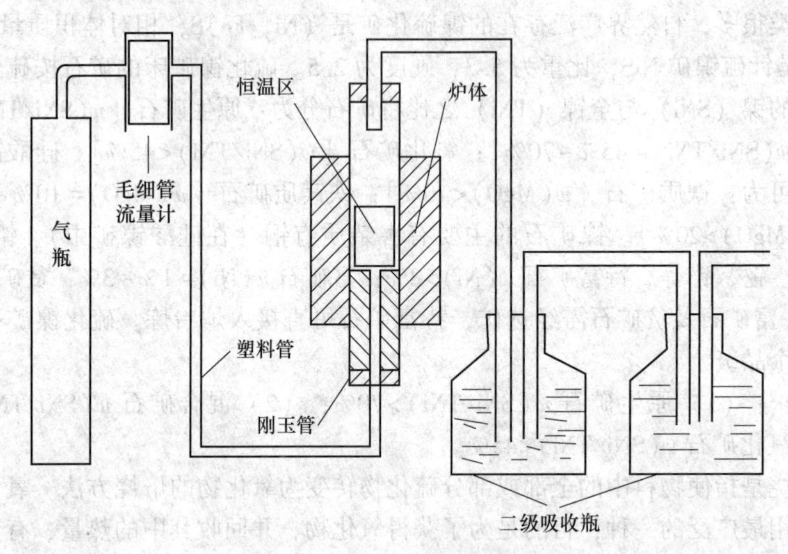

图1-11 氧化焙烧实验装置图

1.9.4 实验步骤

（1）如图连接好实验装置（气瓶为氧气气瓶）；

（2）检查实验装置的气密性；

（3）将100g镍精矿粉置于自制的耐火砖坩埚中，将坩埚放入竖式炉的恒温区内，封闭炉管；

（4）打开DWK-702控温仪，手动升温至设定温度，将控温仪调至恒温档，使竖式炉在设定温度下保持恒温状态；

（5）通入氧气，调节毛细管流量计，使其达到实验所需的气体流量，开始记录反应时间；

（6）反应结束时，首先关闭氧气，并将DWK-702控温仪调至手动挡状态，将竖式炉缓慢降至室温；

（7）取出焙烧产物，用6J-Ⅱ型密封式粉碎机研磨0.5min，制成氧化矿粉，备用；

（8）分析焙烧产物中的硫含量，计算脱硫率。

1.9.5 注意事项

（1）实验装置在使用前要检查气密性，防止实验过程中产生的 SO_2 气体泄漏，危害人体健康；

（2）操作时要重点看护，不许离人，各项记录要认真测量和填写，发现问题要及时处理；

（3）在操作时要穿戴好护具，防止烫伤；

（4）SO_2 气体生成较多时，会与吸收装置中的 NaOH 反应产生结晶物质堵塞吸收管，影响气路畅通，因此要时刻观察吸收管的情况，及时清理；

（5）降温过程要缓慢，否则影响耐火砖坩埚的使用寿命；

（6）实验结束后，须认真检查设备，确保断水断电。

1.9.6 实验记录

将实验数据填写在表 1-15 中并进行脱硫率的计算。

表 1-15 脱硫率的计算

镍精矿原料质量/g	镍精矿含硫量（质量分数）/%	焙烧产物质量/g	焙烧产物含硫量（质量分数）/%	脱硫率/%

1.9.7 实验报告要求

（1）简述实验原理；

（2）记明实验条件和数据；

（3）讨论焙烧条件对脱硫率的影响。

1.9.8 思考题

（1）影响焙烧结果的因素有哪些？

（2）各因素对脱硫率的影响趋势可能是怎样的？

1.10 气—固相还原制备镍铁合金

1.10.1 实验目的

（1）了解和掌握气—固还原反应制备金属的原理和方法；

（2）了解还原条件对镍铁品位的影响。

1.10.2 实验原理

对于氧化镍：

$$NiO(s)+H_2(g)═══Ni(s)+H_2O(g);$$

$$\Delta G_1 = -15050 - 27.73T + RT\ln[(P_{H_2O}/P^{\phi})/(P_{H_2}/P^{\phi})] \quad (1-21)$$

当 $T>843K$ 时，铁氧化物还原反应为：

$$3Fe_2O_3(s)+H_2(g)═══2Fe_3O_4+H_2O(g);$$

$$\Delta G_2 = -15560 - 74.52T + RT\ln[(P_{H_2O}/P^{\phi})/(P_{H_2}/P^{\phi})] \quad (1-22)$$

$$Fe_3O_4(g)+H_2(g)═══FeO(s)+H_2O(g);$$

$$\Delta G_3 = 72010 - 73.68T + RT\ln[(P_{H_2O}/P^{\phi})/(P_{H_2}/P^{\phi})] \quad (1-23)$$

$$FeO(s)+H_2(g)═══Fe(s)+H_2O(g);$$

$$\Delta G_4 = 23430 - 16.15T + RT\ln[(P_{H_2O}/P^{\phi})/(P_{H_2}/P^{\phi})] \quad (1-24)$$

由以上热力学公式计算可知，当还原反应温度较高，氢气在充分过量的条件体系中时，氧化镍和氧化铁可以被还原为金属。

1.10.3 实验设备及装置

（1）设备：精密温度自动控制器 1 台（DWK-702），竖式炉 1 台，石墨坩埚 1 个，毛细管流量计 1 个，型密封式粉碎机 1 台（6J-Ⅱ）。

（2）实验装置。实验装置如图 1-12 所示。

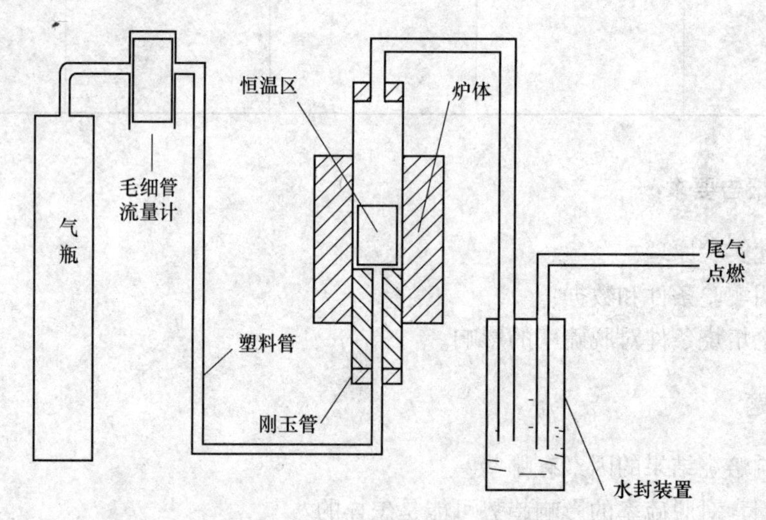

图 1-12 氢气还原实验装置图

1.10.4 实验步骤

（1）如图连接好实验装置（气瓶为氧气气瓶）；

（2）检查实验装置的气密性；

（3）将 50g 氧化矿粉置于石墨坩埚中，将其放入竖式炉的恒温区内，封闭炉管，通入氮气，打开 DWK-702 控温仪，手动升温至设定温度，将控温仪调至恒温挡，使竖式炉在设定温度下保持恒温状态；

（4）关闭氮气，通入氢气，调节毛细管流量计，使其达到实验所需的气体流量，并开始记录反应时间；

（5）当还原反应结束时，关闭氢气，在氮气保护下将竖式炉缓慢降至室温取出石墨坩埚；

（6）取出还原产物，用6J-I型密封式粉碎机研磨0.5min，备用。

1.10.5　注意事项

（1）实验装置在使用前要检查气密性，防止实验过程中产生的氢气泄漏，危害人体健康；

（2）在通入氢气进行还原反应前，要用氮气排净装置内部的空气，以免发生危险；

（3）还原反应结束时要先关闭氢气，再通入氮气完全排空装置内的氢气，以防打开胶塞时发生暴鸣。

1.10.6　实验记录

将实验数据填写在表1-16中，并进行脱硫率的计算。

表1-16　实验数据

氧化矿粉质量/g	还原产物质量/g	反应前后失重/%

1.10.7　实验报告要求

（1）简述实验原理；

（2）记明实验条件和数据；

（3）计算还原过程的失重率。

1.10.8　思考题

（1）影响磁性产品中的镍铁合金含量的还原条件有哪些?

（2）影响磁性产品中的镍铁合金含量的磁选条件有哪些?

1.11　稀土精矿焙烧过程的研究

1.11.1　实验目的

（1）了解包头混合稀土精矿焙烧分解过程及产物；

（2）了解包头混合稀土精矿焙烧分解产物用硫酸浸出的过程及方法；

（3）掌握分析样品中稀土元素含量的化学分析方法。

1.11.2　实验原理

稀土是各种稀土元素的总称，是化学周期表中镧系元素与钪、钇共十七种金属元素的总称。自然界中有250种稀土矿，稀土伴随着产地的不同，其稀土元素的组成也有差异。国内外主要稀土矿的各种稀土元素组成百分比见表1-17。

表1-17 国内外主要稀土矿的各种稀土元素组成（质量分数）

项目	氟碳铈硼矿		独居石/%				磷钇矿/%		离子型稀土矿/%	
	美国	中国	澳大利亚	美国	印度	中国	马来西亚	中国	中国（重稀土）	中国（轻稀土）
La_2O_3	32.00	约27.00	23.90	17.47	23.00	约23.35	0.50	约1.20	2.18	约29.84
CeO_2	49.00	约50.00	46.03	43.73	46.00	约45.69	5.00	约3.0	<1.09	约7.18
Pr_6O_{11}	4.40	约5.00	5.05	4.98	5.50	约4.16	0.70	约0.6	1.02	约7.41
Nd_2O_3	13.50	约15.00	17.38	17.47	20.00	约15.74	2.20	约3.5	3.47	约30.18
Sm_2O_3	0.10	约1.10	2.53	4.84	4.00	约3.05	1.90	约2.15	2.34	约0.32
Eu_2O_3	0.10	约0.20	0.05	0.16	—	约0.10	0.20	<0.2	<0.1	约0.51
Gd_2O_3	0.30	约0.40	1.49	6.56	—	约2.03	4.00	约5.0	5.69	约4.21
Tb_4O_7	0.01	—	0.04	0.26	—	约0.10	1.00	约1.2	1.13	约0.46
Dy_2O_3	0.03	—	0.69	0.90	—	约1.02	8.70	约9.1	7.48	约1.77

从表1-17可以看出：我国的氟碳铈镧矿中的钐(Sm)、铕(Eu)、钆(Gd)等元素含量，高于美国的氟碳；我国离子吸附型重稀土矿中钐(Sm)、钆(Gd)、铽(Tb)、钇(Y)元素含量，高于国外的磷钇矿；我国离子吸附型轻稀土矿中的铕(Eu)元素含量，比各种稀土矿中的铕(Eu)含量都高。

包头混合稀土精矿主要由氟碳铈矿($REFCO_3$)和独居石($REPO_4$)组成，由于独居石不能直接溶于酸性溶液，所以必须先将其在一定温度下分解为氧化物。为了提高矿石的分解率，需要向其加入一定量的碱氧化物及助溶剂，其化学反应为：

$$2REFCO_3+CaO = CaF+RE_2O_3+2CO_2$$

$$2REFCO_3+CaO = Ca(PO_4)_2+RE_2O_3$$

分解后的产物用H_2SO_4溶液浸出，为了提高稀土的浸出率，先用NH_2SO_4溶液浸出，然后在90℃水浴加热，同时加水稀释溶液，以降低浸出液的酸度。

1.11.3 实验设备及材料

设备：天平，控温的箱式电阻炉(DW—702)，恒温水浴箱，电动搅拌器，烘箱，漏斗，烧杯，三角瓶。

材料：包头混合稀土精矿，分析纯CaO、MgO、NaCl试剂，EDTA，六次甲基四胺，二甲酚醒。

1.11.4 实验步骤

(1) 称取一定量的包头混合稀土精矿，分别加入一定量的CaO、MgO、NaCl放入电阻炉内，在800℃下烧1h，用以前做的X衍射图了解包头混合稀土精矿焙烧分解过程及分解反应产物；

(2) 利用上面的焙烧样，计算出浸出稀土所需的 H_2SO_4 量（18N），并向各焙烧样中加入所需的 H_2SO_4 重，搅拌静置 20min；

(3) 向上步的拌矿中加入适量的水，放入水浴加热器中，90℃加热搅拌 1h，趁热过滤，收集滤液，滤渣用水洗 3 次，洗液用于配制 NH_2SO_4 溶液循环使用；

(4) 对滤液进行稀土含量分析，计算出稀土浸出率；

(5) 按上面的步骤做 5 次实验，计算出总的稀土浸出率。

1.11.5 实验要求

(1) 对每个步骤的实验条件和所得到的数据做好详细的记录，保存好原始记录；

(2) 实验结束后，写出实验报告，回答思考题。

1.11.6 思考题

(1) 写出焙烧反应和浸出过程的具体反应方程式；

(2) 影响稀土浸出率的因素有哪些?

1.12 氢气还原 $Ni(OH)_2$ 制备金属镍粉

1.12.1 实验目的

(1) 掌握纯金属纳米粉体的一种制备方法——封闭循环氢还原法；

(2) 了解控制金属纳米粉体颗粒大小的方法。

1.12.2 实验原理

氢气还原 NiO 的化学式为：

$$Ni(OH)_2(s) = NiO(s) + H2O(g) \quad (1-27)$$

$$NiO(s) + H_2(g) = Ni(s) + H_2O(g) \quad (1-28)$$

查热力学手册知：

$$Ni(s) + 0.5O_2(g) = NiO(s) \quad (1-29)$$

$$\Delta G^0_{3-4} = [-232450 + 83.59T/K]\ J \cdot mol^{-1}$$

$$H_2(g) + 0.5O_2(g) = H_2O(g) \quad (1-30)$$

$$\Delta G^0_{3-5} = [-247500 + 55.6T/K]\ J \cdot mol^{-1}$$

则氢气还原 NiO 的热力学计算由式（1-30）~式（1-31）可得出，即：

$$\Delta G^0_{3-3} = \Delta G^0_{3-5} - \Delta G^0_{3-4} = [-15050 - 27.73T/K]\ J \cdot mol^{-1}$$

其中，式（1-15）正向自动进行，则满足：

$$\Delta G_{3-3} = \Delta G^0_{3-3} + RT\ln(P_{H_2O}/P_{H_2}) = -15050 - 27.73T/K + RT\ln(P_{H_2O}/P_{H_2}) < 0 \quad (1-31)$$

依式（1-31）可计算出不同还原温度下体系最大（P_{H_2O}/P_{H_2}）值，作成（P_{H_2O}/P_{H_2}）和 T/K 关系图，如图 1-13 所示。要想得到颗粒产品较细的氧化镍，还原反应应在低温下进行。而图 1-13 中可看出，还原反应温度越低，所要求的平衡湿度越高。所以要想在低温下进行氧化镍还原反应，不必考虑反应产物的湿度，只考虑反应时间，即准确判断反应终点，快速冷却反应产物，阻止产物颗粒在高温下长大。

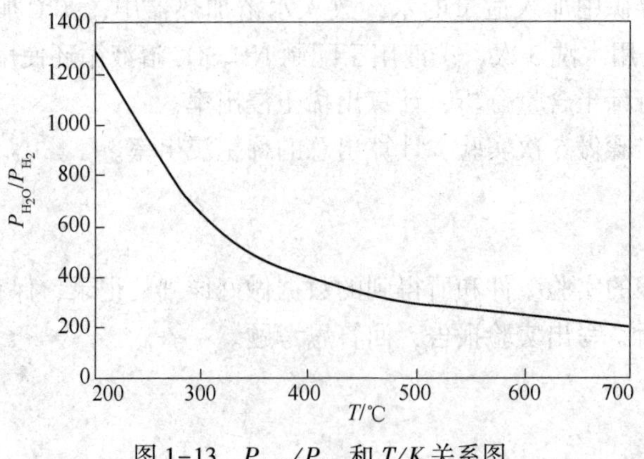

图 1-13 P_{H_2O}/P_{H_2} 和 T/K 关系图

1.12.3 实验设备及装置

（1）设备：封闭还原炉系统（见图 1-14）、瓷舟玛瑙研钵、WZK—可控硅温度控制仪、KQ218 超声波清洗器、HG101-1A 电热鼓风干燥箱、瓷舟、冷凝管、缓冲瓶、气体泵、水银柱、除水装置、三通阀（A，B，C，D）、研钵、天平等。

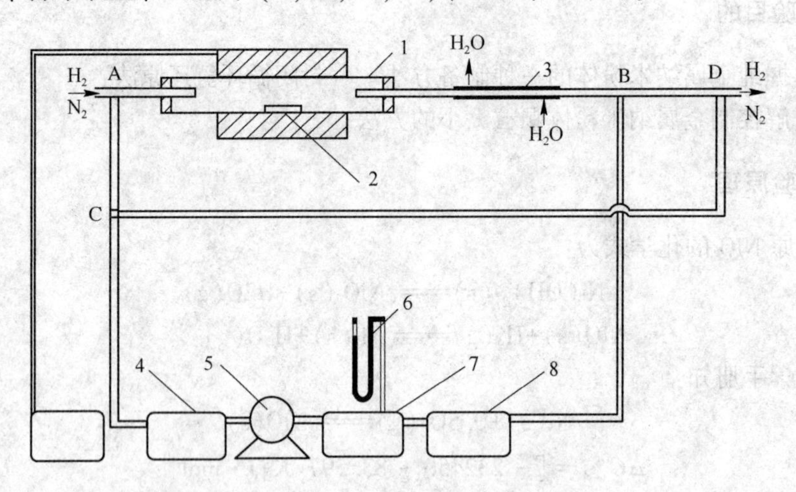

图 1-14 封闭循环——氢还原系统装置示意图

1—还原炉管；2—瓷舟；3—冷凝管；4，7—缓冲瓶；5—气体泵；
6—水银柱；8—除水装置 A，B，C，D—三通阀

（2）实验装置。氢还原实验装置如图 1-14 所示，它是由还原炉、瓷舟、冷凝管、缓冲瓶、气体泵、水银柱、除水装置、三通阀（A，B，C，D）等组成。气体流路分为敞开体系流路、封闭体系的流路和系统空气排出流路三种。敞开体系流路为 A→a→b→B→D→放空；封闭体系的流路为 A→a→b→B→5→C→A；系统空气排出流路为 A→a→b→B→5→C→D→放空。

1.12.4 实验步骤

（1）按照图 1-14 所示连接实验装置。

（2）投料。称取氢氧化镍粉体 1g 放入瓷舟中，推入还原炉入口如图 1-14 所示靠近 A 的炉管内壁处。

（3）排氧气。把 A，B，C，D 三通阀置于系统空气排出流路状态，通氮气排除系统内的氧气。

（4）通氢气。把 B，C，D 三通阀置于系统封闭循环流路状态，通氢气。当气体压力达到一定值时，停止通氢气。

（5）封闭系统。把 A 三通阀置于封闭状态，打开气体泵使氢气在系统内循环。

（6）升温还原。还原炉升温至 300℃恒温后，把样品推入恒温区内进行还原，记录系统内压力的变化，压力不降即为反应终点。

（7）冷却取样。快速把样品在冷却区（如图 1-14 所示靠近 B 的炉管内）进行冷却，冷却至室温取出样品。

1.12.5 注意事项

（1）系统不能漏气，以免错误判断反应终点和影响系统压力与反应时间的关系曲线的正确绘出；

（2）取样时不要用眼睛看炉膛内，以免未钝化好的纳米镍粉遇空气剧烈氧化伤到眼睛；

（3）操作时要重点看护，不许离人，各项记录要认真测量、填写，发现问题要及时处理；

（4）在操作时要穿戴好劳保护具，防止烫伤；

（5）实验结束后，须认真检查设备，确保断水断电。

1.12.6 实验记录

将实验数据填写在表 1-18 和表 1-19 中：

表 1-18 实验条件

反应温度/℃				
升温时间/min				
实验起始氢气瓶压力/Pa				
实验结束氢气瓶压力/Pa				
实验起始氮气瓶压力/Pa				
实验结束氮气瓶压力/Pa				

表 1-19 实验记录

系统压力/Pa												
反应时间/min												
系统压力/Pa												
反应时间/min												

1.12.7 实验报告要求

（1）简述实验原理；

（2）记明实验条件，数据；

（3）根据实验数据绘出系统压力与反应时间的关系曲线，即反应动力学曲线；

（4）对实验结果进行讨论。

1.12.8 思考题

（1）氢气热还原氢氧化镍粉末制备镍粉时，为什么要重视反应时间？

（2）还原气体为什么采用氢气和氮气的混合气体？

（3）为什么要重视系统的气密性？

2 湿法冶金实验

溶液湿法冶金是利用浸出剂将矿石、精矿、焙砂及其他物料中有价金属组分溶解或以新的固相析出，进行金属分离、富集和提取的科学技术。由于这种冶金过程大都是在水溶液中进行，故称湿法冶金。

湿法冶金的历史可以追溯到公元前 200 年，中国的西汉时期就有用胆矾法提铜的记载。但湿法冶金近代的发展与湿法炼锌的成功、拜尔法生产氧化铝的发明、铀工业的发展以及 20 世纪 60 年代羟肟类萃取剂的发明，并在湿法炼铜上的应用分不开的。随着矿石品位的下降和对环境保护要求的日益严格，湿法冶金在有色金属生产中的作用越来越大。

湿法冶金主要包括浸出、液固分离、溶液净化、溶液中金属提取及废水处理等单元操作过程。

2.1 氧化铝的拜耳法制备

2.1.1 实验目的

（1）了解拜耳法生产氧化铝的具体流程；

（2）理解铝土矿溶出的基本原理；

（3）熟悉实验室操作，掌握测定溶液中苛碱、氧化铝及二氧化硅浓度的方法。

2.1.2 实验原理

目前工业上主要用拜耳法生产氧化铝，拜耳法流程中溶出是一个非常重要的环节。用铝酸钠溶液（即循环母液）来溶出铝土矿，当升温时，铝酸钠溶液中氧化铝饱和度升高，此时铝酸钠溶液具有溶解氧化铝水合物的能力，铝土矿中的氧化铝逐渐溶解于铝酸钠溶液中，直到饱和为止。溶出过程可用如下化学反应方程式表示：

$$Al_2O_3 \cdot (1\text{或}3)\ H_2O + 2NaOH(aq) \longrightarrow 2NaAl(OH)_4(aq)$$

虽然在目前的氧化铝生产中所采用的原料统称为铝土矿，但铝土矿并不是一种化学成分稳定，结晶形态一致的单一矿物。根据氧化铝在铝土矿中的不同结晶形态，铝土矿可以分为三水铝石型、一水软铝石型、一水硬铝石型以及它们之间相互共生的混合型。不同类型的铝土矿溶出性能会有很大差别，溶出条件会有很大差异。

三水铝石型铝土矿中氧化铝主要以三水铝石（$Al_2O_3 \cdot 3H_2O$）的形式存在。在所有类型铝土矿中，三水铝石型铝土矿是最易溶出的一种铝土矿，通常情况下，三水铝石矿典型的溶出温度为 140~150℃，Na_2O 质量浓度为 120~140g/L。

相对三水铝石矿来讲，一水软铝石的溶出条件要苛刻得多，它需要较高的温度和较高的苛碱浓度才能达到一定的溶出速率。实际生产中一般采用的温度为 240~250℃，Na_2O

质量浓度为180~240g/L。

在所有类型的铝土矿中，一水硬铝石型铝土矿是最难溶的，其溶出温度一般在240~250℃，Na_2O 质量浓度为240~300g/L。

2.1.3 实验设备及材料

（1）设备：高压盐浴釜，高压油浴釜（温度范围：室温~200℃）1台，循环水式真空泵，电子分析天平。

（2）试剂：氢氧化钠试剂若干，铝酸钠试剂若干，蒸馏水若干。

2.1.4 实验步骤

2.1.4.1 循环母液的配置

循环母液的配置主要分为以下几个步骤：

（1）利用氢氧化钠和铝酸钠试剂配置一定苛碱及氧化铝浓度的循环母液。当确定循环母液的苛碱浓度和分子比时，在实验中一般配置和所需铝酸钠溶液分子比一致，但苛碱浓度稍高的溶液，配置好以后再稀释到所需的苛碱浓度，以待使用。

（2）计算所需的氢氧化钠及铝酸钠的量。

（3）称取氢氧化钠放入烧杯中，加蒸馏水溶解，将烧杯置于电阻炉上加热。

（4）将称好的铝酸钠逐渐加入烧杯中并不断搅拌至溶液澄清，取下烧杯置于冷却槽中冷却。

（5）测定冷却后的溶液中苛碱及氧化铝的浓度（测定方法见2.1.4.3），如果浓度不能达到要求，则计算还需加入氢氧化铝或铝酸钠的量，将所需的氢氧化铝或铝酸钠加入烧杯中加热溶解，重复上述步骤直至溶液达到实验所需要求。

（6）根据实验所需将上述溶液稀释于容量瓶中待用。

2.1.4.2 铝土矿的溶出

铝土矿的溶出主要分为以下几个步骤：

（1）打开盐浴或油浴高压釜，设定好温度（每加一个钢弹温度，比实验所需温度高1℃）；

（2）称取实验所需铝土矿，用量筒量取100ml配置好的铝酸钠溶液，先往钢弹中加入60ml左右的溶液，然后将称好的铝土矿缓慢倒入钢弹中，用玻璃棒搅拌均匀，用剩下的铝酸钠溶液清洗玻璃棒并全部倒入钢弹中，用擦镜纸将钢弹密封口擦干净并盖上密封盖，旋紧钢弹；

（3）待反应釜温度到达预设温度后，打开反应釜，将装好的钢弹放入反应釜中并扣紧，关上反应釜，将转速调到合适的数值并将温度设置为反应温度，待温度达反应温度时开始计时；

（4）反应完成后将钢弹取出，置于60~80℃的水中冷却10min；

（5）打开冷却后的钢弹，将反应后的料浆在漏斗架上过滤，滤渣洗涤后烘干，滤液冷却留做分析；

（6）测定冷却后的滤液中苛碱、氧化铝及二氧化硅的浓度（测定方法见2.1.4.3）。

2.1.4.3 铝酸钠溶液的分析

A 苛碱浓度（N_K）的测定

取5mL待测溶液于100mL容量瓶中定容，然后从容量瓶中取5mL稀释后溶液置于锥形瓶，加入40mL 5%的$BaCl_2$溶液，用来消除CO_3^{2-}离子对滴定结果的影响，并加入15mL 10%水杨酸钠溶液，以遮蔽Al^{3+}对滴定结果的影响，然后加入3滴绿光—酚酞混合指示剂，此时溶液变为紫色，用HCl标准溶液滴定至浅绿色为滴定终点，记录消耗盐酸的体积V_{HCl}。苛碱浓度计算公式如下：

$$N_K = V_{HCl} \times C_{HCl} \times 31 \times 4$$

式中，V_{HCl}为消耗的盐酸体积，mL；C_{HCl}为盐酸浓度，mol/L；N_K为溶液中苛碱浓度，g/L。

B 氧化铝浓度（AO）的测定

从容量瓶中取5mL稀释后溶液于锥形瓶，先加入一定量的EDTA记为V_1，然后加入（V_{HCl}+7mL）HCl标准溶液，加蒸馏水至100mL左右，放在电阻炉上加热，待煮沸2~3min后，再滴入3滴混合指示剂，趁热用氢氧化钠标准液滴定至蓝紫色；然后再加入15mL醋酸—醋酸钠缓冲溶液，并滴入3滴二甲酚橙指示剂，用醋酸铅标准溶液滴定至紫红色为止，记录消耗醋酸铅体积V_2。Al_2O_3的浓度计算公式如下所示：

$$AO = (V_1 \cdot C_1 - V_2 \cdot C_2) \times 51 \times 4$$

式中，V_1、V_2分别为加入的EDTA和醋酸铅的体积，mL；C_1、C_2分别为EDTA和醋酸铅的浓度，mol/L；AO为溶液中氧化铝的浓度，g/L。

C 二氧化硅浓度的测定

取5mL反应溶液于100mL容量瓶中定容，然后从容量瓶中取5mL稀释后溶液于100mL烧杯中，用去离子水稀释至20mL左右，加3.5mL 3mol/L的盐酸，并在加热炉上加热至沸腾；在摇动的情况下逐滴加入高锰酸钾至微红色继续加热至红色消失，取下烧杯置于冷却槽中，冷却至室温，移入100mL容量瓶中，加去离子水至60mL左右；加5%钼酸氨5mL，摇匀后放置10 min，再加入20mL硫酸亚铁铵—草酸混合还原液，用去离子水定容。在1cm比色皿于722型分光光度计600nm波长处，用蒸馏水作为参比进行比色，测得溶液的吸光度，减去空白吸光度，根据标准曲线得到SiO_2浓度。

2.1.5 注意事项

（1）配置铝酸钠溶液过程中必须佩戴手套及口罩；

（2）安装钢弹时必须带上防护面罩及耐高温手套，防止烫伤；

（3）铝酸钠溶液不可长时间放置，防止铝酸钠变质；

（4）钢弹必须拧紧，防止反应物泄漏，可在密封口处缠上密封带。

2.1.6 实验记录

将测定得到的溶液数据记录于表2-1中。

表 2-1　实验结果记录表

	N_K/g·L^{-1}	AO/g·L^{-1}	C_{SiO_2}/mol·L^{-1}	η/%
循环母液				
反应液 1				
反应液 2				
反应液 3				

注：表中 η 代表的是氧化铝溶出率，它是通过反应前后铝酸钠溶液的氧化铝浓度及加入的铝土矿质量来计算的。

2.1.7　实验报告要求

描述实验现象，需分析实验原理，总结实验现象。

2.1.8　思考题

（1）对比反应前后溶液中的苛碱浓度，并结合所学知识解释其存在差异性的原因。

（2）请查阅文献并谈一谈有哪些提高氧化铝溶出率的方法。

（3）二氧化硅的存在对氧化铝生产是不利的，在拜耳法流程中，二氧化硅分别在哪些地方被脱除。

2.2　黄铜矿常温氧化浸出实验

2.2.1　实验目的

（1）了解黄铜矿氧化浸出的基本原理；

（2）探究温度条件对黄铜矿浸出的影响；

（3）熟悉实验室操作，掌握测定溶液中铜离子、铁离子的测定方法。

2.2.2　实验原理

从硫化矿物中炼铜占主导地位的依然是火法炼铜，但是火法冶炼依然存在着较多问题，例如：操作成本较高并且会产生大量 SO_2 污染环境。因此高效、环保的湿法炼铜技术研究越来越受到人们的重视。黄铜矿是铜资源最为重要的组成部分，也是最难浸出的硫化矿物。作为炼铜的主要原料，黄铜矿结构非常稳定，分解困难，对其湿法处理工艺仍需完善。开发具有浸出高效、无污染、流程短等优点的工艺流程，具有非常广阔的应用前景。

在铜湿法冶金领域，针对不同铜矿物的湿法提取技术已开展了大量研究。研究表明，在所有铜硫化矿物中，黄铜矿是最典型的常见难浸矿物，一般认为黄铜矿处于 $Cu^{+}Fe^{3+}(S^{2-})_2$ 的价态结构。在适当条件下，黄铜矿可被氧化生成斑铜矿、辉铜矿和铜蓝等易浸出铜矿物。在酸性氧化条件下，黄铜矿的氧化使铜形成硫酸铜进入溶液；铁可能首先形成二价或三价铁硫酸盐，然后水解生成赤铁矿、针铁矿或铁钒；硫可被氧化成元素硫或硫酸根。因此总浸出化学行为以及酸和氧的消耗取决于三种元素最终产物形态。黄铜矿在硫酸体系中部分氧化浸出反应与温度和压力等因素有关。

2.2.2.1 浸出液中铜、铁浓度的测定方法

本实验中铜、铁的元素分析采用火焰原子分光光度法，所用的原子吸收分光光度计生产厂家为上海仪电分析仪器有限公司，型号为4530F型。

原子吸收光谱分析法是利用基态原子对特征波长的辐射吸收现象的一种测量方法。利用空心阴极灯作为光源，发射某一元素特征波长光，当待测样体经雾化器雾化后进入预混室，在乙炔的燃烧作用下变为原子蒸气，原子蒸气对特征波长吸收，根据光的吸收程度计算得出液体中元素的浓度。

作为测量痕量元素的有效方法之一，原子吸收光谱法检测手段具有使用试样少，检出限低，精密度高，选择性好，抗干扰能力强，适用范围广等优点。其主要用于单元素试样分析，是目前测量金属元素的首选方法。

当光强为 I_0 的光束通过原子浓度为 C 的媒介时，光强度减弱至 I，它遵循朗伯—比尔吸收定律即：

$$A = \lg\left(\frac{I_0}{I}\right) = KCL$$

式中，A 为吸光度；I_0 为入射特征谱线辐射光强度，cd；I 为出射特征谱线辐射光强度，cd；K 为吸收系数，L/(mol · cm)；L 为特征辐射光经过火焰路径，cm；C 为原子浓度，mol/L。

原子吸收的分析方法有标准曲线法和标准加入法。本实验采用标准曲线法，即先配制一组含有不同浓度被测元素的标准溶液，在与试样测定完全相同的条件下，按浓度由低到高的顺序测定吸光度值，绘制吸光度对浓度的校准曲线，测定试样的吸光度，在校准曲线上求出被测元素的含量。

简单来说就是预热铜和铁灯30min，然后分别将待测溶液稀释到一定倍数，使用空气—乙炔火焰，原子吸收光谱仪波长分别为324.7nm、238.4nm处，以去离子水调零，与标准溶液系列分别测量溶液中金、银、铜的吸光度，减去试样空白吸光度，从各自的校准曲线上分别查出相应铜和铁的浓度。其中，铜的标线为1mg/L、2mg/L、4mg/L和5mg/L，铁的标线为1mg/L、2mg/L和5mg/L。

2.2.2.2 浸出液中硫酸浓度的测定方法

水相硫酸浓度采用酸碱滴定法测定，对于新配置的浸出液，硫酸浓度直接由氢氧化钠标准溶液滴定。其方法是先取2mL待测溶液，以4份0.2%的甲基红酒精溶液与1份0.2%的亚甲基蓝酒精溶液作混合指示剂，加入4~5滴指示剂，用氢氧化钠标准溶液滴定到亮绿色即为终点。

对于含有铜和铁的浸出液，先取2mL待测溶液，加入10mL 50g/L的硝酸钾溶液，再加入25mL 250g/L的亚铁氰化钾溶液，加入去离子水补充到50mL，然后过滤除去沉淀。取25mL过滤液用于滴定，以3份0.1%的溴甲酚绿和1份0.2%的甲基红酒精溶液作混合指示剂，用氢氧化钠标准溶液滴定到绿色即为终点。待测溶液中硫酸的浓度可用下列公式计算求得，即：

$$C_{\mathrm{H}} = \frac{C_{\mathrm{NaOH}} \cdot V_{\mathrm{NaOH}}}{V_1}$$

式中，C_{NaOH} 为氢氧化钠标准溶液的浓度，mol/L；V_{NaOH} 为滴定时消耗氢氧化钠标准溶液的体积，mL；V_1 为吸取待测溶液的体积，mL；C_H 为待测溶液中硫酸浓度，g/L。

2.2.2.3　浸出液中 Fe^{2+} 浓度的测定方法

浸出液中 Fe^{2+} 采用重铬酸钾法滴定。具体滴定方法是先取待测溶液 2mL，加入 6mol/L 的 HCl 和硫磷混酸各 1mL，滴加 0.5%的二苯胺磺酸钠溶液 2 滴，用重铬酸钾标准溶液滴定到稳定的蓝紫色即为终点。待测溶液中的 Fe^{2+} 的浓度可由下列公式求得，再根据差减法即可得到 Fe^{3+} 的浓度。

$$C_F = \frac{T_K \times V_K}{V_F}$$

式中，T_K 为重铬酸钾的标准溶液浓度，g/mL；V_K 为滴定时消耗重铬酸钾标准溶液的体积，mL；V_F 为吸取待测溶液的体积，mL；C_F 为待测溶液中 Fe^{2+} 浓度，g/L。

2.2.3 实验设备及材料

（1）设备：恒温水浴锅，电子分析天平。

（2）试剂：浓硫酸若干，高纯黄铜矿若干，蒸馏水若干。

2.2.4 实验步骤

（1）配制浸出溶液 500mL（0.1mol/L 的硫酸溶液）。

将试验所用浸出溶液 500mL 以每次实验所用的量加入烧杯中，再加入称量好的黄铜矿 10g（按照液固比 50∶1），根据每次实验的具体要求看是否需要加入木质素磺酸钙作为硫分散剂（有关研究报道说黄铜矿在浸出过程中会生成单质硫，单质硫会包裹在黄铜矿表面，阻碍浸出溶液与黄铜矿接触，影响反应进程）。

（2）开启温控仪，设定实验目标温度，并开始加热，开启搅拌装置，转速控制在设定值，开启搅拌轴，冷却水对搅拌轴承进行冷却。

（3）待温度升至实验所需目标温度时，中间取样管取样 10mL 左右，以备后续分析。同时，记录此时的时间，并开始计时。

（4）取出反应烧杯，采用真空泵抽滤出浸出浆液并过滤，反复洗涤滤渣，待冷却至室温后，分别测定浸出液和洗水体积及 pH 值并取样，将滤渣放入干燥箱烘干后取样。

（5）将浸出液样品按取样顺序标记，并记录其体积。

2.2.5 注意事项

（1）需按照实验操作步骤正确配制浸出溶液，注意安全；

（2）实验结束后，须认真检查设备，确保断水断电。

2.2.6 实验记录

将测定得到的溶液数据记录于表 2-2 中。

表 2-2　实验数据

浸出溶液体积/mL	矿石成分	吸光度	滤饼质量/g	滤液体积/mL

本实验采用原子吸收分光光度计分析溶液样品中的铜和铁含量，并通过下列回归方程式计算铜和铁的浸出率，即：

$$X_N = \frac{C_N[V_0 - (N-1)V_s] + \sum_{i=1}^{N-1}(C_iV_s)}{1000mx}$$

式中，X_N 为第 N 次取样时铜或铁的浸出率,%；N 为取样次数；C_i 为第 i 次所取溶液样品中铜或铁的含量，g/L；m 为加入黄铜矿原料的质量，g；x 为黄铜矿原料中铜或铁的质量分数,%；V_0 为初始溶液体积，mL；V_s 为每次所取溶液样品的体积，mL。

2.2.7　实验报告要求

（1）简述实验原理；
（2）记明实验条件、数据；
（3）计算黄铜矿的浸出率，绘制出实验温度下黄铜矿浸出率与时间关系曲线。

2.2.8　思考题

（1）简要说明影响黄铜矿浸出率的因素是什么。
（2）实验装置中已有测温控制设备，为什么还要认真观测温度？

2.3　铁—水系电位 E-pH 图测定

2.3.1　实验目的

（1）测定铁—水系溶液中不同 pH 值所对应的电极电位，绘制铁—水系 E-pH 图；
（2）了解 E-pH 图在冶金中的应用；
（3）熟悉实验室操作，熟悉 pH 计的使用方法。

2.3.2　实验原理

物质在水溶液中的温度主要取决于电极电位 E、反应物活度 a 以及溶液的 pH 值。

电极电位的大小是物质氧化还原能力的量度。而物质的电极电位不仅与氧化态和还原的活度有关，有的还受溶液中氢离子浓度的影响。如果将有关物质的电极电位与溶液 pH 值的关系曲线绘在一个图形上，则能较方便地比较物质的氧化还原能力，从而判断化学反应进行的可能性。这种以溶液的 pH 值为横坐标，以有关物质的电极电位为纵坐标所绘出的曲线图称为 E-pH 图。

在铁—水系中，化学反应用以下通式表示，温度为 298K。该反应在水溶液中进行的反应，根据有无氢离子和电子参加可分为三类：

$$aA+nH^{+}+Ze = bB+cH_2O$$

(1) 有 Z 个电子转移，但无氢离子参加，E 与 pH 值无关的氧化—还原反应。其中，E 的计算式为：

$$E=e^{0}+\frac{0.0591}{Z}\lg\frac{a_A^a}{a_B^b}$$

发生如下反应：

$$Fe^{2+}+2e = Fe$$

$$E_{Fe^{2+}/Fe}=-0.44+\frac{0.0591}{2}\lg Fe^{2+};$$

$$Fe^{3+}+e = Fe^{2+}$$

$$E_{Fe^{3+}/Fe^{2+}}=0.7706+\frac{0.0591}{2}\lg\frac{aFe^{3+}}{bFe^{2+}}$$

(2) 无电子转移，但有氢离子参加，反应物质的离子活度与 pH 值有关的反应。其中，pH 值的计算式为：

$$pH=pH^{0}-\frac{1}{n}\lg\frac{a_B^b}{a_A^a}$$

发生如下反应：

$$Fe(OH)_2+2H^{+} = Fe^{2+}+2H_2O$$

$$pH=6.64-\frac{1}{2}\lg aFe^{3+};$$

$$Fe(OH)_3+3H^{+} = Fe^{3+}+3H_2O$$

$$pH=1.617-\frac{1}{3}\lg aFe^{3+}$$

(3) 有电子转移，有氢离子参加，E 与 pH 值有关的氧化还原反应。其中，E 的计算式为：

$$E=E^{\circ}-\frac{n}{2}0.0591pH+\frac{0.0591}{Z}\lg\frac{a_A^a}{a_B^b}$$

发生如下反应：

$$Fe(OH)_2+2H^{+}+2e = Fe+2H_2O$$

$$E=-0.047-0.0591pH;$$

$$Fe(OH)_3+3H^{+}+e = Fe^{2+}+3H_2O$$

$$E=1.057-0.1773pH-0.0591\lg aFe^{2+};$$

$$Fe(OH)_3+H^{+}+e = Fe(OH)_2+H_2O$$

$$E=0.271-0.0591pH$$

所以对于一个简单的 Me—H_2O 系，水本身仅仅是在一定 E 和 pH 值条件下才是最稳定的。水稳定上限是析出氧，其稳定程度由下式确定，即：

$$\frac{1}{2}O_2+2H^{+}+2e = H_2O$$

水稳定下限是析出氢，其稳定程度由下式确定，即：

$$2H^{+}+2e=H_2$$

2.3.3 实验设备及材料

（1）设备：磁力搅拌器 1 台，酸度计 PHS-2 型 1 台，高阻电位计 UJ25 型 1 台，标准电池 1 只，检流计 1 台。

（2）试剂：N_2，铂电极，甘汞电极，玻璃电极。

2.3.4 实验步骤

（1）准确称取 0.318g $Fe_2(SO_4)_3 \cdot 6H_2O$ 和 0.417g $FeSO_4 \cdot 7H_2O$ 于烧杯中，加蒸馏水 150mL，配成 $[Fe^{3+}]=[Fe^{2+}]=0.01mol/L$ 的溶液。

（2）溶液配制，连接线路。

（3）校准 pH 计。其步骤分别为：

1）接通电源，按下 pH 按键，使其预热半小时至一小时；

2）将温度旋钮置于被测溶液温度值；

3）将分档开关置于“b”，调节零点旋钮，使 pH 值指向“1”；

4）将分档开关置于“校”，调节校正旋钮，使 pH 值指示在满刻度；

5）重复 3）和 4）；

6）在试杯内加入中性缓冲溶液；

7）按下读数开关，调节定位旋钮，使其指示为该缓冲溶液的 pH 值。

（4）校准高阻电位差计。接通电源，将“标准”（N）和“未知”（X1 或 X2）旋钮置于“标准”位置，按下“粗”按钮，调节工作电流旋钮（粗、中、细、微），使检流计指针指“零”。然后按下“细”按钮，调节工作电流旋钮，使检流计指针指“零”。

（5）测量 pH 值。其步骤分别为：

1）放开 pH 读数开关；

2）将试杯中换成被测溶液，安好电极，通入氮气，启动搅拌器，控制适当旋转速度；

3）按下读数开关，加 H_2SO_4 若干滴，使溶液 pH=0.5 左右。

（6）测量电位值。其步骤分别为：

1）将旋钮转至“未知”（X1 或 X2）；

2）按下“粗”按钮，调节测量十进盘旋钮，使检流计指“零”，然后按下“细”按钮，重复操作十进盘旋钮，使检流计指“零”；

3）累加十进盘旋钮下方窗孔内的示数，便是被测溶液 pH=0.5 左右时对应的电位值；

4）加入适量的 NaOH，使 pH 值递增，按上述操作在 pH 值为 0.5~10 范围内，测定相应的 pH 值和电位值，测定 10~15 对数据。

（7）实验完毕，关电源开关，清理现场。

2.3.5 注意事项

（1）pH 计校准后，不得再旋动定位旋钮；

（2）所测得的 pH 值应为分档开关指示值与 pH 指针指示值之和；

（3）玻璃电极在使用前应用蒸馏水浸泡 24h，不得用手触及电极前端小球。

2.3.6 实验记录

将测定得到的溶液数据记录于表 2-3 中。

溶液成分：　　；温度（℃）：　　；缓冲液成分　　；pH=

表 2-3 实验数据

pH 值	e 值	pH 值	e 值

2.3.7 实验报告要求

（1）简述实验原理；

（2）根据实验条件测得的 pH 值和 e 数据，经处理后，绘出局部的 Fe-H_2O 系 E-pH 图；

（3）将实验条件下的 Fe-H_2O 系 E-pH 图与有关资料中 E-pH 分析比较。

2.3.8 思考题

（1）简述 E-pH 图在湿法冶金中的用途。

（2）净化除铁过程中为何要将 Fe^{2+} 氧化成 Fe^{3+} 后再除去？

2.4 碳酸化分解过程中分解率对 $Al(OH)_3$ 中 SiO_2 含量的影响

2.4.1 实验目的

（1）掌握铝酸钠溶液碳酸化分解实验的方法；

（2）测定在碳酸化过程中，$Al(OH)_3$ 中 SiO_2 含量的影响。

2.4.2 实验原理

往铝酸钠溶液中通入 CO_2 气体，使其分解析出氢氧化铝的过程称为碳酸化分解，以下简称碳分。碳分是一个有气、液、固三相参与的多相反应过程。一般认为，通入铝酸钠溶液中的 CO_2 气体使溶液中苛性碱中和产生如下化学反应：

$$2NaOH+CO_2 = Na_2CO_3+H_2O$$

反应结果使溶液的摩尔比降低，从而降低溶液稳定性，引起溶液的分解，即：

$$NaAlO_{2(aq)}+H_2O = Al(OH)_{3(s)}+NaOH_{(aq)}$$

反应生成的 NaOH 又不断被通入的 CO_2 中和，故使上述反应持续向右进行。

脱硅后的铝酸钠溶液中仍然含有一定数量的 SiO_2。在碳酸化分解过程中，溶液中的苛性碱和氧化铝浓度不断降低，含水铝硅酸钠在溶液中的溶解度也随之不断降低。这样就使得溶液中的 SiO_2 过饱和程度随着碳分过程的进行越来越大。在碳酸化分解过程中 SiO_2 的析出是分阶段进行的。在碳分的第一阶段，析出的氢氧化铝粒度细，比表面积大，从溶液中吸附了部分氧化硅，因而产生了 Al_2O_3 和 SiO_2 的共同沉淀；在碳分的第二阶段，分解析出的氢氧化铝颗粒增大，比表面积小，吸附 SiO_2 的能力低，故 SiO_2 的析出量极少，但 SiO_2 的过饱和度则逐渐增大；在碳分的第三阶段，溶液中 SiO_2 的过饱和度大到一定程度后，SiO_2 便开始迅速析出，从而使析出的氢氧化铝中的 SiO_2 含量急剧增加，且分解率越高，SiO_2 的析出量也越多。

在一定的碳分条件下，铝酸钠溶液的分解率主要由精液中硅量指数和氢氧化铝中的 SiO_2 含量影响。当铝酸钠溶液的硅量指数确定后，在碳分解过程中可以通过取样分析溶液中氧化铝、全碱，苛性钠和 SiO_2 含量的变化，来计算分解率与进入 $Al(OH)_3$ 中 SiO_2 之间的关系。

2.4.3　实验设备及材料

（1）设备：恒温磁力搅拌水浴锅，气体流量计。

（2）试剂：蒸馏水若干。

2.4.4　实验步骤

（1）用量筒取 300mL 精液倒入三口烧瓶中，并将三口烧瓶置入恒温水浴里。

（2）按实验装置图所示装好搅拌器，连接好通气管和冷凝器。

（3）接通水浴电源并启动开关升温，待水浴温度达到 50℃时开始通入 CO_2 气体碳分。

（4）碳分过程。其步骤分别为：

1）调节空气进气阀（精密调节针阀），使空气的流量保持在 2.0L/10min；

2）调节 CO_2 进气阀（精密调节针阀），使 CO_2 气体的流量保持在 1.0L/10min；

3）调节转速，以便得到适当的搅拌速度。

（5）取样。其步骤分别为：

1）每碳分 20min 时取一次，至碳分结束止；

2）每次碳分到达规定取样时间时，要立即停止通气和搅拌；

3）用 10mL 移液管从三口烧瓶中取出溶液，经过滤后滤液（称为母液）作分析 Al_2O_3、NaOH 和 SiO_2 用。

（6）分析取出样液滤液中的 Al_2O_3、NaOH 和 SiO_2。

2.4.5　注意事项

（1）在安装三口瓶、搅拌机和连接通气管、冷凝器时，应小心操作，避免损坏；

（2）应严格按操作规程使用压气瓶；

（3）在碳分过程中，进气速度应尽量保持稳定；

（4）实验中注意不要使溶液溅到身上，以免损坏衣服或灼伤皮肤。

2.4.6 实验记录

将测定得到的溶液数据记录于表2-4和表2-5中。

2.4.6.1 精液成分

表2-4 精液成分

精液成分	Al_2O_3	NaOH	SiO_2
含量（质量分数）/%			

2.4.6.2 精液数量

精液数量：

2.4.6.3 碳分过程

表2-5 碳分过程

开始碳分时间	停止时间	温度/℃	取样	空气进气量/L	CO_2 进气量/L

2.4.7 实验报告要求

(1) 简述实验原理；

(2) 记录实验数据、表明反应条件；

(3) 分解率的计算；

(4) 绘出 Al_2O_3 分解率和 SiO_2 沉淀率的关系曲线；

(5) 讨论分解率对氢氧化铝中 SiO_2 含量的影响及原因；

2.4.8 思考题

(1) 碳分温度对氢氧化铝中氧化硅含量有什么影响？

(2) 简述氧气表上减压阀的构造及使用气体钢瓶应注意的事项。

2.5 硫化汞在铜硫代硫酸盐体系中的浸出实验

2.5.1 实验目的

(1) 了解铜硫代硫酸盐浸出硫化汞的影响因素；

(2) 掌握运用火焰原子吸收分光光度计测量水溶液中汞的浓度；

(3) 掌握运用冷原子吸收测汞仪测量水溶液中汞的浓度。

2.5.2　实验原理

2.5.2.1　铜硫代硫酸盐浸出硫化汞

因为硫的价态较多，所以含硫离子多数既具有氧化性又具有还原性。以硫代硫酸根为例，当有硫代硫酸根参与反应后，使原有的 Hg-S-H_2O 体系变得更加复杂。硫代硫酸根可以被氧化为硫酸根或被还原成硫离子，为了准确表达出硫代硫酸根离子的热力学性质，不考虑硫酸根、亚硫酸根等稳态离子对其的影响，绘制出非稳态的 *Eh*—pH 图。根据反应式的性质，公式可以分成三类：只有电子参加；只有氢离子参与反应；既有电子参加，又有氢离子参与。根据这三类反应，可以绘制 *Eh*—pH 图，如图 2-1 所示。从图中可以看出当 pH<1.37，电位高于 0.31V 时，汞的物种主要以 $Hg(S_2O_3)_3^{4-}$ 和 $H_2S_2O_3$ 形式存在；当 pH>1.37 或<1.74 时，$Hg(S_2O_3)_3^{4-}$ 则会变为 $Hg(S_2O_3)_4^{6-}$，稳定区域则为 $Hg(S_2O_3)_4^{6-}$ 和 $H_2S_2O_3$；当 pH>1.74 后，$H_2S_2O_3$ 则会解离出 $HS_2O_3^-$ 离子，则稳定区域为 $Hg(S_2O_3)_4^{6-}$ 和 $HS_2O_3^-$；当 pH>2.34，$HS_2O_3^-$ 则解离出 $S_2O_3^{2-}$ 离子，稳定区域则为 $Hg(S_2O_3)_4^{6-}$ 和 $S_2O_3^{2-}$。当电位降低时，硫代硫酸根和硫代硫酸氢根等离子则被还原为单质硫，在高 pH 值下，并不存在单质硫这一稳定区域；当电位再次降低时，硫则会被还原成硫离子，在有汞离子的参与下生成硫化汞沉淀。在高 pH，低电位条件下，汞离子会被还原为单质汞；当电位再次降低时，则以单质汞和硫离子形式稳定存在。硫离子则可以在低 pH 条件下，分别水解成为硫化氢和硫氢根离子。从图 2-1 中可以知道，在有硫代硫酸盐参与作用时，汞可以和硫代硫酸盐反应生成络合物。正是由于络合物的生成，使得可溶性汞复合粒子的稳定区域明显增大，可以在高电位、广泛的 pH 范围内存在。这就证明硫代硫酸盐可以作为一种有效的浸出试剂。且根据单质硫的稳定区域可知，在酸性条件下，汞配合物离子可以分解成为单质硫。证明酸性条件下不利于汞在硫代硫酸体系中的浸出。低电位条件下，硫化汞的稳定区域加大，表明硫代硫酸盐体系下其分解产物为硫化汞，因此硫化汞可以作为其主要的回收产物。在热力学计算上可以知道，汞在更低的电位下可以还原成单质汞；但在有硫的作用下，硫化汞是最稳定的化合物，其还原成为汞的动力学过程是很缓慢的。

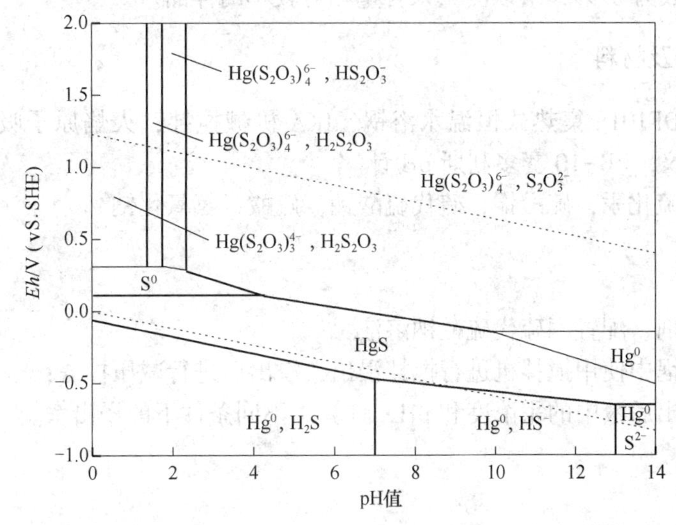

图 2-1　亚稳态的 Hg-S-H_2O 体系电位 pH 图（298K，$[Hg]_T$=0.005mol/L，$[S]_T$=0.10mol/L）

铜可以和硫代硫酸盐反应生成铜硫代硫酸盐配合物。其中二价铜可以被硫代硫酸盐还原生成一价铜，生成的一价铜可以与硫代硫酸盐络合生成铜一价硫代硫酸盐配合物。其氧化还原反应方程式如式（2-1）所示。但铜硫代硫酸盐配合物并不稳定，可以在特定条件下（如高温、高 pH）自身可以发生歧化反应，生成硫化亚铜沉淀致使铜浓度下降。其分解反应方程如式（2-2）和式（2-3）所示。因此本节以铜沉淀率为主要指标讨论铜硫代硫酸盐体系的稳定性，主要研究了初始 pH、铜与硫代硫酸盐摩尔比、浸出温度对铜硫代硫酸盐稳定性的影响。

$$2Cu^{2+}+4S_2O_3^{2-} = 2CuS_2O_3^-+S_4O_6^{2-} \quad \Delta_r G_m=-132.79kJ/mol \tag{2-1}$$

$$2CuS_2O_3^-+H_2O \longrightarrow Cu_2S+H_2SO_4+S_2O_3^{2-} \tag{2-2}$$

$$2CuS_2O_3^-+OH^- \longrightarrow Cu_2S+HSO_4^-+S_2O_3^{2-} \tag{2-3}$$

总反应：

$$HgS+2CuS_2O_3^- \longrightarrow Cu_2S+Hg(S_2O_3)_2^{2-} \quad \Delta_r G_{m1}^{\ominus}=-19.98kJ/mol \tag{2-4}$$

$$HgS+2Cu(S_2O_3)_2^{3-} \longrightarrow Cu_2S+Hg(S_2O_3)_3^{4-}+S_2O_3^{2-} \quad \Delta_r G_{m2}^{\ominus}=-12.55kJ/mol \tag{2-5}$$

$$HgS+2Cu(S_2O_3)_3^{5-} \longrightarrow Cu_2S+Hg(S_2O_3)_4^{6-}+2S_2O_3^{2-} \quad \Delta_r G_{m3}^{\ominus}=-4.22\ kJ/mol \tag{2-6}$$

2.5.2.2　*火焰原子吸收与冷原子吸收测试水溶液中的汞浓度原理*

本实验中针对汞浓度的不同，将采用两种分析方法，分别为冷原子吸收测汞法（CVAAS）和火焰原子吸收测汞法（FAAS）。两种分析方法的原理相同，都是利用基态原子对其所辐射的特征波长进行吸收的一种测量方法。实验也均采用标准曲线法，即先配制一组离子浓度不同标准溶液，按照浓度由低到高的顺序测定吸光度，绘制出一条吸光度对浓度的标准曲线。之后通过测定待测样的吸光度，进而在标准曲线上得到待测样中被测元素的浓度。两种方法的区别在于原子化过程。火焰法是用乙炔—空气火焰对待测液进行原子化，这种方法的线性范围为 50~150mg/L，标线的线性相关系数为 0.99，可测量浓度相对高的汞溶液；而冷原子吸收法则是先用氧化剂（硝酸—重铬酸钾）将所有汞离子都氧化为二价汞离子，之后利用化学还原剂（盐酸—氯化亚锡）来还原基态汞，因基态汞在常温下易挥发，因而可以在载气作用下送入检测器，这种方法的线标线范围为 0~10μg/L，标线的线性相关系数为 0.99，可以测量汞含量相对较小的样品。

2.5.3　实验设备及材料

（1）设备：DF101S 集热式恒温水浴锅，IKA 机械搅拌，火焰原子吸收分光光度计，冷原子吸收测汞仪，PB-10 赛多利斯 pH 计。

（2）试样：硫化汞，硫酸铜，硫代硫酸钠，硫酸，氢氧化钠。

2.5.4　实验步骤

（1）准备试剂、配置铜硫代硫酸钠溶液；

（2）在水浴锅中使用搅拌机进行搅拌浸出，浸出后进行减压抽滤；

（3）测量浸出后液中的汞浓度和 pH，计算出不同条件下的浸出率。

2.5.5　注意事项

（1）注意涉汞物质的安全性；

（2）注意酸、碱等腐蚀性物质。

2.5.6 实验记录

记录不同反应初始条件和实验结果。

2.5.7 实验报告要求

（1）说明不同因素对浸出结果的影响；
（2）注意冷原子吸收测汞仪与火焰原子吸收测试的局限性。

2.5.8 思考题

（1）*E*-pH 图有什么用途，如何绘制？
（2）冷原子吸收测汞仪中，氯化亚锡、重铬酸钾有哪些用途？

2.6 紫外光分解汞硫代硫酸盐配合物实验

2.6.1 实验目的

（1）了解紫外光分解配合物的机理和影响因素；
（2）掌握运用火焰原子吸收分光光度计测量水溶液中汞的浓度；
（3）掌握运用冷原子吸收测汞仪测量水溶液中汞的浓度。

2.6.2 实验原理

2.6.2.1 紫外光分解汞硫代硫酸盐配合物

研究可知汞硫代硫酸盐配合物的最大吸收波长在紫外区域的 250nm 左右处，选用型号为 ZW17D15W-Z356 的低压汞灯作为光源，其辐射最大波长为 254nm，其他具体参数见表 2-6，其装置示意图如图 2-2 所示。同时分别研究了在不同初始 pH 值、不同初始汞浓度和不同温度对紫外分解法回收溶液中汞的动力学影响。

表 2-6 低压汞灯的操作参数

型号	接线方式	功率/W	额定电压 /V	额定电流 /mA	长度/直径 /mm	辐射强度 /μW · cm^{-2}	光源距离（反应器的距离）/cm
ZW17D15 W-Z356	单端四线	17	34~46	340	356/15	48~54	4

其反应方程式分别如下所示：

$$HgS_2O_3+h\nu \longrightarrow HgS_2O_3^*$$

$$HgS_2O_3^* +H_2O \longrightarrow HgS+H_2SO_4$$

$$2HgS_2O_3^* +H_2O+2e \longrightarrow Hg_2S+H_2SO_4+S_2O_3^{2-}$$

$$Hg_2S \longrightarrow HgS+Hg^0$$

$$HgS_2O_3+H_2SO_4 \longrightarrow HgSO_4+H_2S_2O_3$$

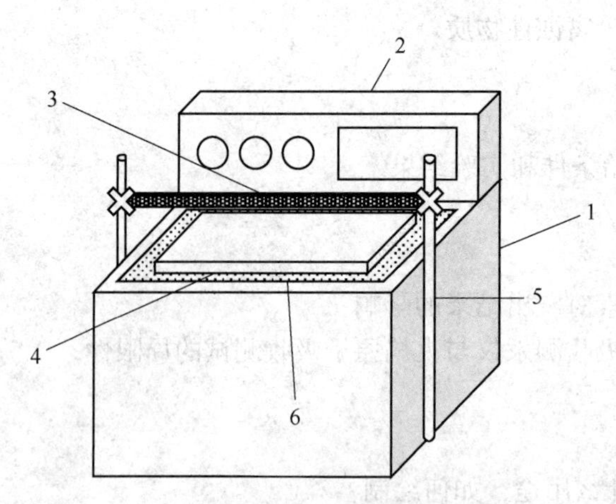

图 2-2 紫外光分解装置示意图

1—恒温水浴器；2—控制器；3—紫外灯管；4—反应器；5—支架；6—水浴

$$H_2S_2O_3 \longrightarrow H_2SO_3+S$$

$$HgS_2O_3 \longrightarrow HgSO_3+S$$

$$HgS+H_2SO_4 \longrightarrow HgSO_4+H_2S$$

$$H_2S+1/2O_2 \longrightarrow S^0+H_2O$$

2.6.2.2 火焰原子吸收与冷原子吸收测试水溶液中的汞浓度原理

本实验中针对汞浓度的不同，将采用两种分析方法，分别为冷原子吸收测汞法（CVAAS）和火焰原子吸收测汞法（FAAS）。两种分析方法的原理相同，都是利用基态原子对其所辐射的特征波长进行吸收的一种测量方法。实验也均采用标准曲线法，即先配制一组离子浓度不同标准溶液，按照浓度由低到高的顺序测定吸光度，绘制出一条吸光度对浓度的标准曲线。之后通过测定待测样的吸光度，进而在标准曲线上得到待测样中被测元素的浓度。两种方法的区别在于原子化过程。火焰法是用乙炔—空气火焰对待测液进行原子化，这种方法的线性范围为50~150mg/L，标线的线性相关系数为0.99，可测量浓度相对高的汞溶液；而冷原子吸收法则是先用氧化剂（硝酸—重铬酸钾）将所有汞离子都氧化为二价汞离子，之后利用化学还原剂（盐酸—氯化亚锡）来还原基态汞，因基态汞在常温下易挥发，因而可以在载气作用下送入检测器，这种方法的线标线范围为0~10μg/L，标线的线性相关系数为0.99，可以测量汞含量相对较小的样品。

2.6.3 实验设备及材料

（1）设备：DF101S集热式恒温水浴锅，IKA机械搅拌，火焰原子吸收分光光度计，冷原子吸收测汞仪，PB-10赛多利斯pH计，紫外光分解仪器。

（2）试样：氧化汞，硫代硫酸钠，硫酸，氢氧化钠。

2.6.4 实验步骤

（1）配置汞硫代硫酸配合物溶液；

（2）在紫外光反应器中进行反应；

（3）测量反应后溶液中的汞浓度和pH，计算出分解率。

2.6.5 注意事项

(1) 注意涉汞物质的安全性;
(2) 注意酸、碱等腐蚀性物质。

2.6.6 实验记录

记录不同反应初始条件和实验结果。

2.6.7 实验报告要求

(1) 说明不同因素对紫外光分解结果的影响。
(2) 注意冷原子吸收测汞仪与火焰原子吸收测试的局限性。

2.6.8 思考题

(1) 紫外光分解实验受哪个因素影响最大?
(2) 冷原子吸收测汞仪中,氯化亚锡、重铬酸钾有哪些用途?

2.7 含汞土壤的形态分析实验

2.7.1 实验目的

(1) 了解紫 BCR 形态分析法;
(2) 掌握运用火焰原子吸收分光光度计测量水溶液中汞的浓度;
(3) 掌握运用冷原子吸收测汞仪测量水溶液中汞的浓度。

2.7.2 实验原理

2.7.2.1 BCR 四步连续浸提形态分析法

实验中采用欧洲标准局(Bureau Communautaire de Référence, BCR)制定的四步连续浸提法对含汞土壤和浸出渣进行汞的形态分析。四步连续浸提法操作见表 2-7。

表 2-7 汞的形态分析——BCR 四步连续浸提法

步骤	状态	所用试剂	处理对象	操作过程
第 1 步	酸可提取态	试剂Ⅰ:0.11mol/L HOAc	可溶碳酸盐	称取 1g 待测物,放入 40mL 试剂Ⅰ中,在室温中振荡 16h 后离心分离
第 2 步	可还原态	试剂Ⅱ:0.10mol/L $NH_2OH \cdot HCl$	铁锰氧化物	使用第 1 步的残渣,放入 40mL 试剂Ⅱ,在室温中振荡 16h 后离心分离
第 3 步	可氧化态	试剂Ⅲ:8.80mol/L H_2O_2;试剂Ⅳ:pH=2,1mol/L NH_4OAc	有机物和硫化物	使用第 2 步的残渣,首先放入 10mL 试剂Ⅲ,在室温中振荡 1h 后,在 85℃下水浴 1h,最后加入 50mL 试剂Ⅳ,在室温中振荡 16h 后离心分离
第 4 步	残渣态	试剂Ⅴ:HCl/HNO_3+HF	剩余的非硅酸盐结合物	使用第 3 步的残渣,在试剂Ⅴ中消解

2.7.2.2 火焰原子吸收与冷原子吸收测试水溶液中的汞浓度原理

本实验中针对汞浓度的不同，将采用冷原子吸收测汞法（CVAAS）或火焰原子吸收测汞法（FAAS）进行分析。两种分析方法的原理相同，都是利用基态原子对其所辐射的特征波长进行吸收的一种测量方法。实验也均采用标准曲线法，即先配制一组不同离子浓度的标准溶液，按照浓度由低到高的顺序测定吸光度，绘制出一条吸光度对浓度的标准曲线。再通过测定待测样的吸光度，与标准曲线进行对照，得到待测样中被测元素的浓度。两种方法的区别在于原子化过程。火焰法是用乙炔—空气火焰对待测液进行原子化，这种方法的线性范围为50~150mg/L，标线的线性相关系数为0.99，可测量浓度相对高的汞溶液；而冷原子吸收法则是先用氧化剂（硝酸—重铬酸钾）将所有汞离子都氧化为二价汞离子，之后利用化学还原剂（盐酸—氯化亚锡）来还原基态汞，因基态汞在常温下易挥发，因而可以在载气作用下送入检测器，这种方法的线标线范围为0~10μg/L，标线的线性相关系数为0.99，可以测量汞含量相对较小的样品。

2.7.3 实验设备及材料

（1）设备：DF101S集热式恒温水浴锅，IKA机械搅拌，火焰原子吸收分光光度计，冷原子吸收测汞仪，PB-10赛多利斯pH计，紫外光分解仪器。

（2）试样：含汞土壤A，经过某方法处理后的含汞土壤B，试剂Ⅰ：0.11mol/L HOAc，试剂Ⅱ：0.10mol/L $NH_2OH \cdot HCl$，试剂Ⅲ：8.80mol/L H_2O_2，试剂Ⅳ：pH=2，1mol/L NH_4OAc，试剂Ⅴ：HCl/HNO_3+HF。

2.7.4 实验步骤

（1）配置四步浸提液；

（2）针对含汞土壤A、B进行四步连续浸提形态分析；

（3）依据结果得出A、B两种物质的形态分析结论。

2.7.5 注意事项

（1）注意涉汞物质的安全性；

（2）注意浸提液中腐蚀性物质。

2.7.6 实验记录

记录四步浸提条件和实验结果。

2.7.7 实验报告要求

（1）说明什么是四步连续浸提形态分析法。

（2）注意冷原子吸收测汞仪与火焰原子吸收测试的局限性。

2.7.8 思考题

（1）目前都有哪几种形态分析法，它们的异同点是什么？

（2）针对含汞土壤 A 和 B 的形态分析结果，推测大致处理方法是什么？

2.8 沉淀法制备氢氧化镍纳米粉末

2.8.1 实验目的

（1）掌握沉淀法制备氢氧化镍纳米粉末方法；
（2）了解湿法制备纳米粉体材料的方法。

2.8.2 实验原理

2.8.2.1 Ni^{2+}完全沉淀时溶液的 pH 值的理论计算
其反应式如下：

$$Ni(OH)_2 \rightleftharpoons Ni^{2+} + 2OH^-$$

查表得：
$K_{sp}^{o} = 2\times10^{-15}$，即：

$$[Ni^{2+}] \times [OH^-]^2 = 2\times10^{-15}$$

当溶液中 $[Ni^{2+}] < 10^{-5}$mol/L 时可认为完全沉淀，则最低 pH 值可按如下计算：

$$10^{-5}\times [OH^-]^2 = 2\times10^{-15}$$

$$[OH^-] = 1.41\times10^{-5}$$

pH 值 $= -\lg [H^+] = -\lg (10^{-14}/1.41\times10^{-5}) = 9.15$

2.8.2.2 收率高于 99%时硫酸镍溶液中 $[Ni^{2+}]$
假设硫酸镍溶液体积和氢氧化钠溶液体积相等，则：

$$[Ni^{2+}] = 10^{-5}\times (100\%/1\%) \times2 = 2\times10^{3}\ (mol/L)$$

所以，配制硫酸镍溶液时，溶液中的铜离子浓度必须大于 2×10^{-3}mol/L 才能保证沉淀完全后的镍回收率高于 99%。

2.8.2.3 同 pH 值条件下镍的存在形式
称取 15g $NiSO_4\cdot7H_2O$ 配制成 600mL 硫酸镍溶液，则硫酸镍溶液的浓度为 8.93×10^{-2}mol/L，称取 80g NaOH 配制成 500mL 氢氧化钠溶液，则氢氧化钠溶液的浓度为 4mol/L。

氢氧化钠溶液的浓度远远大于硫酸镍溶液的浓度，因此忽略滴加氢氧化钠溶液带来的溶液体积的变化。

$NiSO_4\cdot7H_2O$ 的相对分子质量为 280.88，Ni 的相对原子质量为 58.69，所以投入的纯镍质量为 3.1343g。当 pH 值为 9 时，

$$[Ni^{2+}] \times [OH^-]^2 = [Ni^{2+}] \times [10^{-5}]^2 = 2\times10^{-15}$$

$$[Ni^{2+}] = 2\times10^{-5}\ (mol/L)$$

存在于溶液中的镍质量为：

$$2\times10^{-5}\times58.69\times0.6 = 7.0428\times10^{-4}\ (g)$$

存在于氢氧化镍中的镍质量为：

$$3.1343-7.0428\times10^{-4} = 3.1336\ (g)$$

镍的回收率为：

$$(3.1336/3.1343)\times100\%=99.978\%$$

不同 pH 值条件下镍的存在形式及镍的回收率见表 2-8。

表 2-8 不同 pH 值条件下镍的存在形式及镍的回收率

序号	pH 值	存在于溶液中的镍质量/g	存在于沉淀中的镍质量/g	镍的回收率/%
1	7	3.1343	0	0
2	8	7.0428×10^{-2}	3.0639	97.754
3	9	7.0428×10^{-4}	3.1336	99.978

同理计算出 pH 值为其他值时，存在于溶液中的镍的质量，存在于氢氧化镍中的镍的质量以及镍的回收率。

2.8.3 实验设备及材料

（1）设备：J100 搅拌器（0~1750r/min，沈阳工业大学），LD4-2 型离心机（上海市仪器四厂），pH-25 型酸度计（上海伟业仪器厂生产），恒温水浴箱，KQ218 超声波清洗器（昆山超声仪器厂），烧杯，医用输液器，天平，量筒，抽滤漏斗。

（2）实验装置。湿法实验装置如图 2-3 所示，其装置由酸度计、搅拌器、恒温水浴、烧杯等组成。

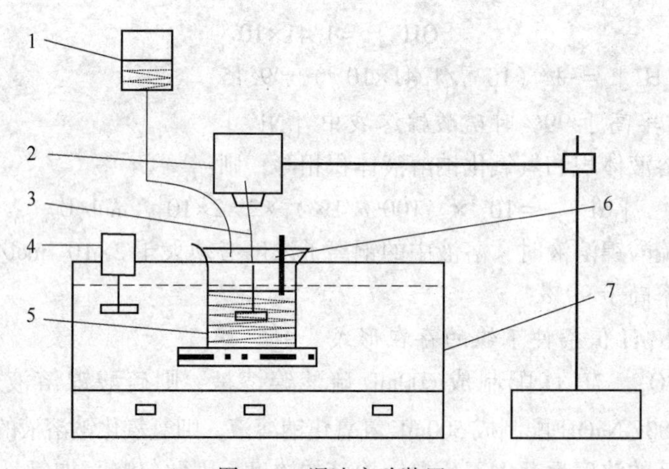

图 2-3 湿法实验装置

1—氢氧化钠溶液；2—搅拌电机；3—搅拌桨；4—水溶液搅拌器；5—硫酸镍溶液；6—酸度计；7—恒温水浴槽

2.8.4 实验步骤

（1）$NiSO_4$ 水溶液配制：取 $NiSO_4\cdot7H_2O$ 14g 溶于 500mL 蒸馏水中，过滤除去不溶杂质，得到 0.1mol/L 的 $NiSO_4$ 水溶液。

（2）NaOH 水溶液配制：取 NaOH 40g 溶于 250mL 的蒸馏水中，过滤除去不溶杂质，得到 4mol/L 的 NaOH 水溶液。

（3）氢氧化镍粉体的制备。其包括以下两个部分：

1）反应：称取 500mL $NiSO_4$ 水溶液放入烧杯中，在常温强烈搅拌的条件下快速滴加

4mol/L 的 NaOH 水溶液进行沉淀反应。用酸度计控制反应终点的 pH 值在 12 以上。

2）后处理：沉淀进行过滤，滤饼经反复洗涤后，用乙醇浸泡数小时，过滤，常温自然干燥得到氢氧化镍粉体。

2.8.5　注意事项

（1）搅拌速度要在 1200r/min 以上；

（2）控制反应终点的 pH 值在 12 以上；

（3）氢氧化镍粉体的干燥要在常温下进行；

（4）NaOH 水溶液的配制和使用过程中，要防止皮肤和眼睛直接接触，否则必须马上用清水洗净接触部位。

2.8.6　实验记录

将实验数据填写在表 2-9 和表 2-10 中。

2.8.6.1　称量及计算

表 2-9　称量数据记录表

$NiSO_4 \cdot 7H_2O$ 质量/g	H_2O 体积 /mL	$NiSO_4 \cdot 7H_2O$ 浓度/$mol \cdot L^{-1}$	NaOH 质量 /g	H_2O 体积 /mL	NaOH 浓度 /$mol \cdot L^{-1}$

2.8.6.2　实验条件

表 2-10　实验数据记录表

反应温度 /℃	烧杯直径 /cm	搅拌电机转速/$r \cdot min^{-1}$	烧杯壁上溶液线速度/$cm \cdot s^{-1}$	反应起始 pH 值	反应终点 pH 值

P_{H_2O}/P_{H_2} 和 T/K 关系图如图 2-4 所示。

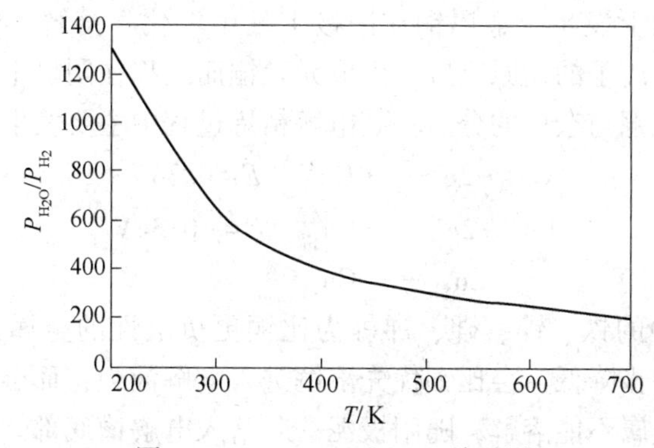

图 2-4　P_{H_2O}/P_{H_2} 和 T/K 关系图

2.8.7 编写报告

（1）简述实验原理；
（2）记明实验条件和数据；
（3）对产品进行表征，结果写入报告中；
（4）对实验结果进行讨论。

2.8.8 思考题

（1）制备氢氧化镍粉末时为什么对反应液进行激烈地搅拌？
（2）为什么滤饼要用乙醇浸泡数小时后在常温下干燥？
（3）配制溶液时，为什么需要配制浓度较大的 NaOH 溶液？
（4）滴加 4mol/L 的 NaOH 水溶液进行沉淀反应时，为什么要快速滴加？
（5）为什么反应终点的 pH 值控制在 12 以上？

2.9 铜电解精炼实验

2.9.1 实验目的

（1）掌握铜电解精炼的实验原理，熟悉电解精炼实验的设备及操作过程；
（2）了解铜电解精炼的技术条件对电解过程的影响；
（3）理解并计算电解过程中的电流效率与电能消耗；
（4）培养学生的数据处理能力和动手能力。

2.9.2 实验原理

火法精炼产出的精铜品位一般为 99.2%~99.7%，含有 0.3%~0.8%的杂质。为了清除对铜的电气性能和机械性能有害的杂质，使其满足各种用途的要求，同时为了回收有价金属，特别是金、银及铂族金属和稀散金属，必须对其进行电解精炼。

铜的电解精炼是指将火法精炼得到的粗铜铸成阳极板，以纯铜薄片做阴极，将阳极和阴极装入含有电解液（$CuSO_4$ 和 H_2SO_4）的电解槽中通入直流电电解的过程。铜电解精炼反应在电极溶液的界面上发生，金属铜在阳极上发生电化学溶解，以离子形式进入溶液中；而阴极上则发生铜离子的还原反应，生成元素铜而沉积在阴极上；杂质则进入阳极泥和电解液中，从而实现铜与杂质的分离。其电解精炼过程中主要发生的反应如下所示：

阳极反应 $Cu_{粗}-2e^- \longrightarrow Cu^{2+}$ $E=0.34V$

阴极反应 $Cu^{2+}+2e^- \longrightarrow Cu_{精}$ $E=-0.34V$

总反应 $Cu_{粗} \longrightarrow Cu_{精}$

此外，阳极粗铜中的铁、镍、砷、锑等为比铜更负电性的金属，因这些金属浓度很小，其电极电位将进一步降低，会比铜优先溶解进入电解液中；而金、银、铂等电位比铜更正的贵金属和稀散金属不能溶解，随阳极泥一起落入电解槽底部。在阴极上，氢和溶解到电解液中的杂质金属电极电位比铜更负，不会在阴极上析出。因此，电解液需要净化，除去电解过程中积累的杂质。

2.9.3 实验设备及材料

（1）设备：恒温水浴锅，磁力搅拌器。

（2）药品：硫脲，硫酸铜，硫酸。

2.9.4 实验步骤

（1）拟定铜电解精炼的技术条件：电解液温度为55~60℃；阴极电流密度为180~250A/m^2；电解时间为2~3h；同极间距为70~90mm；异板间距为35~40mm；电解液循环速度为50~100mL/min。

（2）将阳极板用20%硫酸溶液浸泡15min左右，水洗干净，用滤纸擦干。

（3）将阴、阳极板插入电解槽中（两片阴极和一片阳极）。阳极插在两边，电板浸入部分高度80mm，调节电解液循环速度。

（4）接好线路，认真检查后，开始通电，记下开始电解时间，测量槽电压。

（5）实验完毕，整理好设备，打扫实验场地。

2.9.5 注意事项

（1）实验过程中，确保正确连接电路，注意用电安全；

（2）实验结束后，须认真检查设备，确保断水断电。

2.9.6 实验记录

（1）电解液成分（g/L）：

（2）电流密度（A/m^2）：

（3）阳极电解前质量（g）：

（4）阳极电解后质量（g）：

（5）电解前质量（g）：

（6）阴极电解后质量（g）：

将实验数据填写在表2-11中。

表2-11 实验记录表

时间	电流/A	槽电压/V	温度/℃	极间距/cm	循环量/mL	备注

2.9.7 实验报告要求

（1）简述实验原理；

（2）记录实验数据、表明反应条件；

（3）计算电流效率，其计算公式为：

$$电流效率=\frac{实际析出铜量\ (g)}{1.186\times 电解时间\ (h)\times 电流\ (A)}\times 100\%$$

式中，1.186——铜的电化当量，g/(A·h)。

（4）计算电能消耗，其计算公式为：

$$电能消耗=\frac{平均槽电压\ (V)\ \times 1000}{1.186\times 电效\ (\%)}\ (kW\cdot h/tCu)$$

2.9.8　思考题

（1）铜的溶解速度与沉积速度是否相同，如何解决？

（2）电解过程中如何克服 Cu^{+} 的影响？

（3）如何降低电能消耗？

2.10　锌的电沉积过程

2.10.1　实验目的

（1）了解电沉积与电解精炼的差异；

（2）学会槽电压、电流密度、电流效率、电能消耗及阴极电极电位的测量与计算方法；

（3）了解锌电极阴极过程和阳极过程的特征；

（4）研究影响电沉积过程中电流效率的因素。

2.10.2　实验原理

锌电解沉积过程是在已经净化的硫酸锌水溶液中，以铅银合金板［$w(Ag)=1\%$］做阳极，铝板做阴极。当通过直流电时，铝板阴极上析出金属锌，铅银阳极上放出氧气，总的反应为：

$$ZnSO_4+H_2O \longrightarrow Zn+H_2SO_4+\frac{1}{2}O_2$$

随着电积过程的进行，电解液中含锌量不断减少，硫酸不断增加，则必须连续抽出一部分电解液作为废液返回浸出工序。同时，又将已净化的中性硫酸锌溶液连续注入电解槽内，以维持电解液中锌和硫酸的浓度一定，并稳定电解系统中溶液的体积。

（1）阴极过程。在电积过程中锌及氢在阴极上析出，反应为：

$$2H^{+}+2e = H_2 \quad E^0_{H^+/H_2}=0$$

$$Zn^{2+}+2e = Zn \quad E^0_{Zn^{2+}/Zn}=-0.763$$

在工业生产条件下，锌的析出电位约为-0.8V，而氢离子的平衡电位为-0.04V，但由于氢在铝板上析出的超电压很大，使得电解时氢的实际析出电位负于锌，所以在电积时，锌能析出而氢不析出或很少析出。

电解液中若含有较锌更正电位的金属离子，如 Cu^{2+}、Co^{2+}、Cd^{2+} 等，由于这些离子放电较锌离子放电容易，因而在电解时与锌一起在阴极上沉积析出，因而影响锌的质量。溶液中较锌负电位的金属离子对电解过程没有影响。

（2）阳极过程。在进入正常阳极反应后，铅阳极表面基本被 PbO_2 覆盖，锌电解阳极过程的主要反应是氧的析出即：

$$4OH^- - 4e = O_2 + 2H_2O \quad E^0 = -0.401V$$

由于阳极上放出 O_2 而使电解液中 H^+浓度增加，即酸度增大。氧的析出超电压与阳极材料和其他条件有关。Pb-Ag 阳极的阳极电位较低，形成的 PbO_2 细而致密，导电性好，耐腐蚀性较强，故在工厂普遍采用。

（3）电解效率。锌的电解沉积的电流效率一般为 85%~94%之间，影响电流效率的主要因素有电解液的含锌量酸度、温度、纯度、电流密度等。

1）电解液的电流效率随着电解液含锌量的增加而升高。这是因为锌含量增加时，锌的析出电位变正，有利于锌的析出，而不利于杂质和氢的析出。

2）电解液的酸度降低，使氢的析出电位变负，减少氢的析出，可提高电流效率。但酸度过低，硫酸锌会发生水解生成氢氧化锌，使阴极锌呈海绵状，并且使电解液导电性降低；酸度过高，会使析出锌反溶加剧，氢的析出可能性增大。因此，酸度过高、过低都不利于提高电流效率。

3）电解液的温度升高，氢的超电压降低，导致氢的放电析出，亦会加剧阴极锌的反溶，从而使电流效率降低。一般电解液温度控制在 35~40℃之间。

4）电流密度随着电流密度增加，氢的超电压增大，电流效率提高。但电流密度太高，电解液中锌离子浓度以及循环量若没有相应提高，会产生锌离子的贫化，反而使氢的析出增加。

5）电解液的纯度电解液中的金属杂质，特别是那些较锌为正电性的金属离子，会在阴极上放电析出，使电流效率下降 。

2.10.3 实验设备及材料

（1）设备：直流电源，电流表，电压表，恒温水浴锅。

（2）药品：铝板，硫酸盐。

2.10.4 实验步骤

（1）将铝板阴极和库仑计阴极称重，然后分别放入电解槽和库仑计中；

（2）测量铝板阴极浸入溶液的尺寸，计算阴极的实际面积，再确定阴极的电流密度；

（3）将各部件连接好，并进行认真检查即可通电，将电流强度调至所需值，并记下通电起始时间、电流强度和槽电压；

（4）开动搅拌器，控制适当的速度，使电解液搅动；

（5）控制好进液和溢流速度，使电解液体积一定；

（6）电解正常进行后，定期记录电流强度、槽电压、电解过程现象，阴极电极电位变化等；

（7）电解进行一定时间后实验结束，关闭所有源，同时取出铝板阴极和库仑计阴极，置沸水中煮 10min，以除去硫酸盐结晶，然后烘干，称重。

2.10.5 注意事项

（1）实验过程中，确保正确连接电路，注意用电安全；

（2）实验结束后，需认真检查设备、确保断水断电。

2.10.6 实验记录

（1）电解液温度（℃）：

（2）阴极面积（m^2）：

（3）阴极电流密度（A/m^2）：

（4）电流强度（A）：

（5）槽电压（V）：

（6）电解液成分：

将实验数据填写在表2-12和表2-13中。

表2-12 实验记录表

电极	电解前重/g	电解后重/g	增重/g
库仑计阴极			
铝板阴极			

表2-13 实验记录表

时间	电流强度/A	槽电压/V	电解现象	铝板阴极电极电位

2.10.7 实验报告要求

（1）简述实验原理。

（2）记录实验数据和标明反应条件。

（3）电流效率的计算。其公式为：

$$电流效率=\frac{锌阴极产物析出质量}{库仑计阴极析出重量\times\frac{q_{锌}}{q_{铜}}}\times100\%$$

式中，$q_{锌}$ 为锌的电化当量，1.218g/(A·h)；$q_{铜}$ 为铜的电化当量，1.186g/(A·h)。

（4）电能消耗的计算。其公式为：

$$电能消耗=\frac{实际消耗电能}{析出锌产量}\times1000=\frac{V}{q_{锌}\times\eta_{电流效率}}\times100\%$$

式中，V 为槽电压，V；$\eta_{电流效率}$ 为电流效率，%。

2.10.8 思考题

（1）电积和电解有什么差别？

（2）在锌电积过程中的标准电位较负，为什么锌能优先析出，而氢很少析出？

2.11 黄铜矿浸出的电化学机理研究

2.11.1 实验目的

(1) 了解电化学工作站工作原理，熟悉电化学工作站的操作规程；
(2) 通过电化学工作站对黄铜矿电极进行 OCP、EIS 等测试；
(3) 学习分析并处理电化学测试的实验数据。

2.11.2 实验原理

黄铜矿氧化浸出伴随着电子转移迁徙，理想状态下相互叠加的阳极和阴极的假想极化曲线如图 2-5 所示，交点处所表示的混合电位不得低于黄铜矿在热力学上稳定电位，才会使反应能够持续进行。由图 2-5 知，阳极曲线和阴极曲线大致可分为三个区域。第一个阶段为 A-1 和 C-1 区域，该区域为稳态区域，电位与电流呈线性关系，反应动力学主要受电极内部和溶液中电子传导所影响；第二阶段为 A-2 和 C-2 区域，电位与电流绝对值的对数呈线性关系，被称为 Tafel 区域；第三阶段为 A-3 和 C-3 区域，该区域电位与电流的相关性几乎没有，主要是受反应物或者生成物扩散的影响。

以上述 A-1~A-3 与 C-1~C-3 的各种理论组合为例，阳极氧化曲线与阴极还原曲线共存在 9 种理论交互的可能。借助电化学手段可捕捉到黄铜矿氧化浸出过程中反应的电学信号，可以作为阐明黄铜矿浸出机理的有效研究手段。

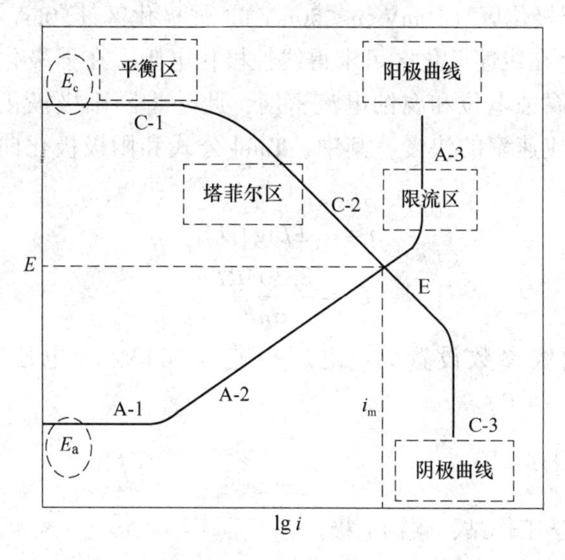

图 2-5 相互叠加的阳极和阴极的假想极化曲线

2.11.2.1 开路电位（OCP）

开路电位是电极系统处于开路状态下时阳极反应和阴极反应相互耦合的混合电位，即外侧电流密度为零时工作电极的自然腐蚀电位。根据混合电位理论可知，当工作电极的腐蚀电位升高时，腐蚀电流密度则减小，说明在该体系下电极表面发生了钝化现象，反之当工作电极的腐蚀电位降低时，腐蚀电流密度增大，则说明在该体系下电极表面发生了过钝化现象，即电极表面的钝化膜逐渐溶解。由此可知开路电位对研究电极的腐蚀行为具有极其重要的意义。此外当工作电极的开路电位在±3mV/min 的范围内波动时，则说明碳糊电极的表面基本趋于稳定。

本实验对黄铜矿碳糊电极在 H_2SO_4 溶液中做开路电位测试，而且在极化曲线测试之前，均对工作电极进行了一段时间的开路电位测试以稳定电极表面。

2.11.2.2　电化学阻抗谱（EIS）

对工作电极施加一个频率变化的小振幅交流正弦波周期性电压，据此扰动信号可测量电极电势和电流密度的比值（阻抗）或阻抗的相位角随频率的变化。电化学阻抗谱的实质是电荷转移、钝化、吸附和扩散等不同的电极反应子过程会随频率的变化产生不同的响应，进而被区分开来。电化学阻抗谱以等效电路模型的形式反映了电极反应的动力学过程，并且等效电路（EC）中的每个电化学元件均有其特定的物理意义。电化学阻抗谱一般包括 Nyquist 图、Bode Modulus 图和 Bode Phase 图。此外电化学阻抗谱测量的三个前提条件是因果性、线性性和稳定性，由于电化学阻抗谱测试的基本原理是欧姆定律，即反应体系的电流响应信号和电压扰动信号之间应该存在线性函数关系。因此本实验中施加的正弦波电压信号幅值为 10mV，测量的频率范围为 0.01～10^5Hz。

2.11.2.3　极化曲线

极化曲线是表示极化电流密度和电极电位之间关系的曲线，是解释金属腐蚀基本规律，揭示金属腐蚀机理和探讨金属腐蚀控制步骤的电化学手段之一。当反应体系处于腐蚀电位时，外测极化电流密度为零，而后随着电极电位的不断提高，可将其大致分为线性极化区（$\eta\leqslant 10$mV）、弱极化区（$10\text{mV}<\eta\leqslant 50$mV）、强极化区（$50\text{mV}<\eta\leqslant 250$mV）和扩散控制区（$\eta>250$mV）。在线性极化区可求得线性极化电阻，在强极化区根据 Tafel 极化曲线可求得反应体系的腐蚀电位和腐蚀电流密度，此外将阴阳极极化曲线作 Tafel 斜率拟合可判断氧化还原反应速率的快慢，其中，Tafel 公式和阳极极化曲线的 Tafel 斜率可表示为：

$$\eta = a \pm \beta \lg |I|$$

$$\beta_a = \frac{2.303RT}{\alpha nF}$$

本实验中极化曲线参数设置为：电压扫速 0.20mV/s，电压扫描范围为－0.25V（VS. OCP）～1.5V（VS. OCP）。

2.11.3　实验设备及材料

（1）设备：电化学工作站，碳糊电极。

（2）药品：黄铜矿，硫酸。

2.11.4　实验步骤

（1）制备工作电极。天然黄铜矿夹杂物众多，中间孔隙不规律，很难满足电化学测试的要求，需将黄铜矿制备成碳糊电极。将黄铜矿粉末和石墨按 3∶1 的比例加入研钵中，混合均匀后，加入一定量融化的石蜡。黄铜矿、石墨、石蜡的质量比约为 3∶1∶1，可用无水丙酮调整混合物至适宜的黏稠程度，灌入碳糊电极聚四氟内，待其冷却固化后用细砂纸对其裸露截面进行抛光，测试电阻（阻值小于 30Ω 即可满足实验要求）。

（2）配置电解液。计算电解液溶质量，用量筒量取计算的浓硫酸量，在烧杯中稀释，并不断搅拌，使其冷却至室温用容量瓶定容。

（3）连接电化学工作站。将电解液倒入电解池中，连接三电极电路（工作电极、参比电极和对电极）。注意不得断路、短路以及不良接触。

（4）设置实验参数，进行电化学测试。

（5）结束后关闭实验，拆装后清洗电极，清洗完毕后，将电极放回原处。

2.11.5 注意事项

（1）配置溶液时，注意浓硫酸的使用规范，做好安全防护措施，如发生少量浓硫酸溅到皮肤，应立即用大量自来水冲洗；

（2）使用电化学工作站时应注意电极的连接规范，避免短路、断路和接触不良等；

（3）实验结束后，须认真清洗参比电极并放回原处。

2.11.6 实验记录

（1）研究电极材料：

（2）研究电极面积：

（3）对电极：

（4）参比电极：

（5）温度：

（6）扫面速率：

（7）扫面范围：

（8）要有完整的实验测得的曲线，并标明 x 轴和 y 轴的量程值。

2.11.7 实验报告要求

（1）简述实验原理；

（2）标明实验条件，记清实验数据；

（3）对实验得到的曲线进行分析讨论；

（4）根据实验结果给出钝化电流密度、钝化电位、钝化阶段电位范围和活化态的电位范围。

2.11.8 思考题

（1）电化学工作站在使用上有哪些注意事项？

（2）电化学测试可以测试哪些数据，从这些数据可能会得到什么结果？

（3）碳糊电极的使用有温度区间吗，为什么？

（4）参比电极的选取，遵循的原则是什么？

（5）讨论影响电化学测试准确性的影响因素。

2.12 熔盐电解法制取钕铁

2.12.1 实验目的

（1）掌握熔盐电解制取钕铁的实验方法；

（2）熟悉氧化钕在氟化物熔体中电解的电极过程；

（3）了解电解工艺条件和影响电流效率的主要因素。

2.12.2 实验原理

目前熔盐电解生产稀土金属或合金通常是采用稀土氯化物或稀土氧化物—氟化物熔体进行电解。尽管氯化物熔体较便宜，腐蚀性较小，但氯化物易吸湿，水解难于储存，电解过程中析出氯气，不便操作。本实验为氧化钕在氟化物熔体中电解制取钕铁。

2.12.2.1 电解质组成

作为电解质的混合盐，要求熔点低，导电性能好，在高温下稳定，蒸气压低，组分中的阳离子不与稀土金属钕同时析出。从热力学观点看，电解质组分不要被稀土金属钕还原，碱金属和碱土金属氧化物具有这些性质。较常用的体系是 NdF_3-LiF 加入 Li 以提高熔体的电导，有时加入 BaF_2 以减少 LiF 的用量，降低熔点。本实验的氟化物熔体为 NdF_3：LiF：BaF_2＝70：17：13。

2.12.2.2 电极过程

（1）阴极过程。氧化钕在氟化物熔体中，首先进行溶解、离解，然后钕阳离子在铁阴极上放电，铁形成 Nd—Fe 合金，其反应式为：

$$Nd^{3+}+3e \longrightarrow Nd$$

（2）阳极过程。在阳极上发生如下反应：

$$2O^{2-}-4e \longrightarrow O_2$$

$$2O^{2-}+C-4e \longrightarrow CO_2$$

$$O^{2-}+C-2e \longrightarrow CO$$

在电解制取钕铁时，电解温度在 900～1000℃ 以上，阳极放出的气体主要是 CO，其中，CO_2 含量极少。

2.12.2.3 电解工艺条件

用纯铁棒作阴极，石墨坩埚作阳极，电解制得的钕铁融滴落在瓷坩埚中。

（1）电流密度。阳极电流密度，取决于电解质中 Nd_2O_3 的溶解速度和氧化碳的生成速度。由于电解质中 Nd_2O_3 的含量是有限的，容易发生阳极效应，所以阳极电流密度限制低一些（如 0.5A/cm^2 以下）为好。阴极电流密度增大可以防止或减少金属扩散溶解损失，有利于金属凝集，有利于提高电流效率；但阴极电流密度过大，会使槽电压升高，电解质过热，从而导致熔岩损失严重。本实验电流密度为 8～10A/cm^2。

（2）电解温度。电解温度是一个极其重要的因素。如果温度太低，将使 Nd_2O_3 在熔体中的溶解度或溶解速度降低，合金也汇聚困难；温度太高，金属的二次作用加剧，熔岩的挥发增加。电解应在稍高于析出金属或合金的熔点温度下进行，使金属或合金呈液态析出，以便得到与电解质分离很好的致密金属。本实验的电解温度为950~1000℃。

（3）加料速度。阳极反应（生成氧化碳）是控制电解速度的一个重要因素。而Nd_2O_3在熔体中的溶解度有限（一般为2%~4%），这就必须严格控制Nd_2O_3的加入速度，使其与阳极反应相适应。如果浓度太低，氧离子供应不上阳极反应的消耗，就会发生阳极效应。如果Nd_2O_3加入过快，其可能会分散于熔体中，或沉降为泥渣而污染金属，并妨碍其凝聚，有时严重影响电流效率。因此，电解过程中应定时加入Nd_2O_3。

2.12.3 实验设备及材料

（1）设备：加热电炉，直流电源，电压表，电流表。

（2）药品：Nd_2O_3，氢氟酸，LiF，BaF_2。

2.12.4 实验步骤

（1）制备无水氟化物。Nd_2O_3用盐酸溶解得到氧化钕，再用氢氟酸沉淀，经过过滤、洗涤、干燥、真空脱水得到无水NdF_3。

（2）按NdF_3：LiF：BaF_2=70：17：13的比例配置电解质。

（3）将金属接收器（瓷坩埚）置于石墨坩埚底部正中。加入一定量的电解质，接通加热炉电源，加热电解质使其熔化。

（4）插入阴极铁棒。当达到预定电解温度后，接通直流电源进行电解。在电解过程中，要控制好温度恒定，电流密度一致。并根据实际情况定时定量加入氧化钕，观察电解过程现象，做好记录。

（5）电解结束，先断开直流电源，再断开加热电源。提起阴极铁棒。然后用坩埚取出金属接收器置于炉外。冷却至室温后，打破瓷坩埚，清除电解质和渣，钕铁合金称重。

2.12.5 注意事项

（1）配置溶液时，注意浓硫酸的使用规范，做好安全防护措施，如发生少量浓硫酸溅到皮肤，应立即用大量自来水冲洗；

（2）实验结束后，需认真清洗实验装置并放回原处。

2.12.6 实验记录

（1）研究电极材料；

（2）研究电极面积；

（3）对电极；

（4）参比电极；

（5）温度。

2.12.7 实验报告要求

（1）简述实验原理；

（2）标明实验条件，记清实验数据。

2.12.8 思考题

（1）熔盐电解法制备金属需要注意哪些内容？

（2）实验过程中电流密度大小对电解法制备金属有什么影响？

2.13 铝的电解实验

2.13.1 实验目的

（1）熟悉熔盐电解的主要方法；

（2）了解电解工业过程中槽电压、电流效率、电压效率、电能效率、电能单耗等主要指标的概念及计算方法。

2.13.2 实验原理

工业铝电解生产，一直以来采用的都是冰晶石—氧化铝熔盐电解法（即 Hall-Heroult 法）。其阳极采用碳素材料。在电解过程中，阳极不断消耗，并且产生 CO_2 和 CO；阴极上则析出铝。电解过程的总反应可表达为：

$$Al_2O_3+\frac{3}{1+N}C=\!=\!=2Al+\frac{3N}{1+N}CO_2+\frac{3(1-N)}{1+N}CO$$

式中，N 为 CO_2 占 CO_2 与 CO 总和的体积分数，%。

从理论上说，电解过程的一次气体为 CO_2，其中，CO 由副反应产生。所以电流效率可由阳极气体分析法得到。但受实验中多种因素的制约，实际通常是用阴极铝的实际产量在理论产量中所占的质量分数来计算电解过程的电流效率。

根据法拉第定律，通过 1F 电量，理论上应析出 1mol 铝，即相当于 1A 电流通过 1h 产生 0.3356g 金属铝。当电流强度为 I，电解时间为 t，实际铝产量为 m 时，电流效率为：

$$\eta_{电流}=\frac{m}{0.3356It}\times 100\%$$

式中，t 的单位为 h；I 的单位为 A；m 的单位为 g。

电能效率是指生产一定量铝时，理论耗电量与实际耗电量之比。理论耗电量取：

$$W_{理}=6320\text{kW}\cdot\text{h/t}_{铝}$$

每吨铝实际耗电量用下式计算：

$$W_{实}=\frac{V}{0.3356\eta}\times 10^3\quad \text{kW}\cdot\text{h/t}_{铝}$$

式中，V 为电解槽电压，V。

则电能效率为：

$$\eta_{电能}=\frac{W_{理}}{W_{实}}\times 100\%$$

阳极消耗是指单位铝产量消耗的阳极炭，其计算式为：

$$M_A=\frac{\omega_0-\omega_t}{m}$$

式中，M_A 为阳极单耗，%；ω_0、ω_t 为电解前后阳极炭块质量，g；m 为实际铝产量，g。

本实验用直流电源给出电解用直流电，用直流安培小时计记录累计电量，同时用电化学综合测试仪测量和记录电解过程的 *I-E* 曲线。电化学综合测试仪的另一个作用是测量和记录阳极炭块的极化曲线。实验电解槽采用内衬刚玉的石墨坩埚，用刚玉管套住石墨棒作阳极。由于电解时电解质的发热量不足以维持电解过程的持续进行，所以电解槽要置于电阻炉内，并由控温仪控制电阻炉温度。电解进行过程中，还要在电解槽周围通入惰性气体，保护坩埚免遭氧化。电解时，采用工业纯铝作阴极，在电解质熔化后加入。

2.13.3 实验设备及材料

（1）设备：高温电阻炉，石墨坩埚，刚玉坩埚，氮气，电化学分析仪，直流电源，直流安培小时计，数字万用表。

（2）药品：Al_2O_3，CaF_2，AlF_3，Na_3AlF_6。

2.13.4 实验步骤

（1）按要求备好石墨坩埚，阳极石墨棒；连接设备，选择量程，检查各部件连接是否正确；电阻炉通电升温，升温时在500℃恒温30min。

（2）配电解质。先计算好各物质加入量，调整电解质组分达到指定值，用电子天平准确称取各试剂，混合均匀。

（3）通氮气于炉内，把装有电解质氮的坩埚放入炉中，升温至电解温度，恒温30min；把称量好的铝（准确至0.001g）放入熔化了的电解质中。

（4）检查系统导通情况，并确定好阳极插入深度；把阳极插入电解质，装好炉子。

（5）接通电解电源，开始记录，*X-Y* 函数记录仪开始工作；记录电压、电流随时间的变化情况；电解过程中可适当调整阳极位置，并在电解中途加入 Al_2O_3。

到指定时间停止电解，停止作业顺序为：停止电解电源—停 *X-Y* 函数仪—停加热电源—开炉—取出阳极—取出石墨坩埚—取出金属铝。

（6）待冷却后准确称量金属铝质量和阳极碳棒质量；检查整个实验记录情况，并把实验设备和仪器恢复原样。

2.13.5 注意事项

（1）注意配置药品过程中的操作安全；

（2）注意在电解过程中的操作流程与规范。

2.13.6 实验记录

记录熔盐熔化时候的温度和电解电流。

2.13.7 实验报告要求

（1）画出铝电解槽示意图，简述铝电解基本原理；

（2）简述铝电解过程中，电流效率和电能效率的测定原理；

（3）根据测定的实验数据，计算铝电解的电流效率、电能效率和阳极单耗；

（4）简述铝电解过程中金属损失的原因，根据测定结果，计算金属损失量，并分析如何提高铝电解过程中的电流效率。

2.13.8 思考题

（1）中间液 KCl 溶液的作用是什么？

（2）简述电解过程中每次测量电位的物理意义及随电解进行时的变化，以及理论分析电压测量的原理。

2.14 P_{204} 萃取稀土分配比的测定及分配比与 pH 酸碱度的关系

2.14.1 实验目的

（1）熟悉分配比的测定方法，验证萃取分离比与 pH 酸碱度的关系。

（2）掌握稀土萃取过程中分配比和分离系数的概念。

2.14.2 实验基本原理

有机溶剂萃取法分离相似元素是依据元素在两相中的分配为基础的，其分配比以 D 表示：

$$D=\frac{c_{有}}{c_{水}}$$

式中，$c_{有}$ 为元素在有机相中平衡总浓度，mol/L；$c_{水}$ 为元素在水相中平衡总浓度。

本实验用 1mol/L P_{204} 磺化煤油萃取剂和 0.1mol/L 的 $NdCl_3$ 水溶液的萃取体系，当料液 pH 值分别为 0.5、1.0、1.5、2.0 时，以 1∶1 相比，在分液漏斗中进行测定，萃取反应如下：

$$Nd_{水}^{3+}+3(HA)_{2有}=\!=\!=Nd(HA_2)_{3有}+3H_{水}^{+}$$

$$Pr_{水}^{3+}+3(HA)_{2有机}=\!=\!=Pr(HA_2)_{3有机}+3H_{水}^{+}$$

其平衡常数为（以 Nd 为例）：

$$K=\frac{[Nd(HA_2)_3]_{有}\cdot[H^+]_{水}^3}{[Nd^{3+}]_{水}\cdot[HA_2]_{有}^3}$$

因分配比为：

$$D=\frac{[Nd(HA_2)_2]_{有}}{[Nd^{3+}]_{水}}$$

则：

$$D=K\frac{[(HA_2)]_{有}^3}{[H^+]_{水}}$$

从 K 和 D 是与 $[H^+]^3$ 成反比可知，水相酸度增高（pH 值降低），分配比减小。

用上述四种 pH 值溶液测定分配比 D 后，绘 D—pH 值关系曲线，并进行讨论。

分离系数是指含有两种以上溶质的溶液在同一萃取体系、同样萃取条件下进行萃取分离时，各溶质分配比 D 之间比值。其用于表示两溶质之间的分离效果，计算公式为：

$$\beta_{A/B} = D_A / D_B = C_{A有} \cdot C_{B水} / C_{A水} \cdot C_{B有}$$

式中，D_A、D_B 为A、B两种溶质的分配比。通常以分配比较大者记为A，表示易萃组分；较小者记为B，表示难萃组分。

2.14.3 实验仪器和试剂

(1) 设备：雷磁25型酸度计，恒温水浴振荡器，分液漏斗，量筒，移液管，三角瓶，滴定管。

萃取操作如图2-6所示。

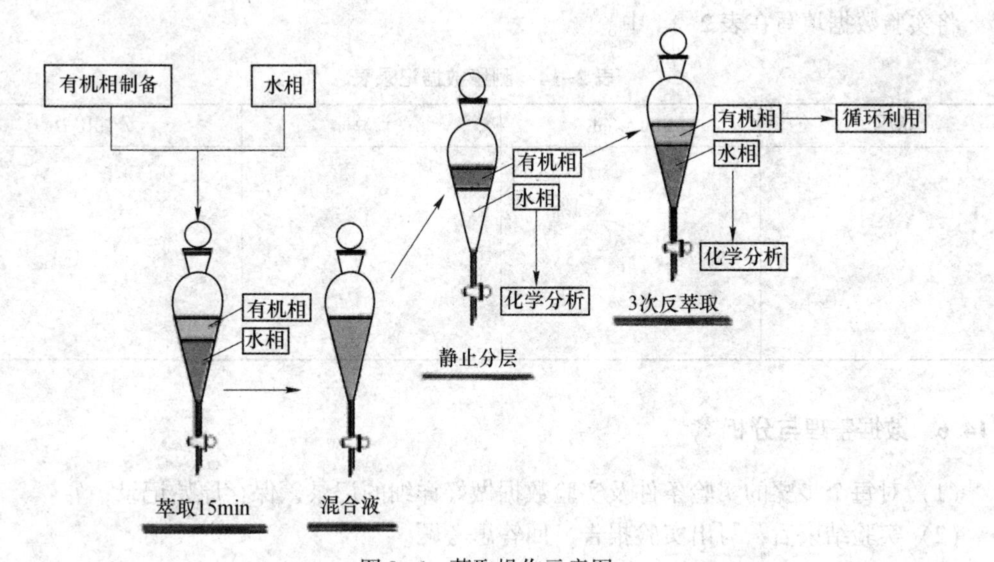

图2-6 萃取操作示意图

(2) 药品：P204萃取剂，EDTA（0.1mol/L），稀土Nd和Pr料液（0.1mol/L），六次甲基四胺（pH值为0.5~2.0）。

2.14.4 实验步骤

(1) 用移液管分别取料液10mL，萃取剂10mL置于50mL分液漏斗中（都平行取两个），将漏斗盖塞紧。

(2) 将分液漏斗放在康氏振荡器上，恒温30℃，振荡5min以使两相充分接触达到平衡，而后取下置于漏斗架上静置5min。

(3) 待完全分层后，将水相放入50mL三角瓶中，取样分析（采用EDTA络合滴定）有机相浓度不测，可用差减法求得。

(4) 平行取水相三份，各2mL置于50mL三角瓶中。

(5) 取水相试样分析其中稀土含量（采用EDTA络合滴定）。

测试方法为：平行取水相三份，各2mL置于50mL三角瓶中，用蒸馏水稀释至15~20mL后，加入10%水杨酸3~4滴，抗坏血酸1~2滴，二甲酚橙4~5滴，加固体六次甲基四胺至溶液呈紫红色（pH=5.5），用0.1mol/L EDTA滴定由红色变为黄色即为终点。

（6）依据 $N_1V_1=N_2V_2$，根据EDTA消耗量即可算出水相中稀土浓度取算数平均值。

（7）有机相加入10mL 6mol/L盐酸进行反萃，其操作过程重复步骤（2）、（3）。

（8）三次重复步骤（7），将得到的30mL反萃液，进行步骤（5）、（6）的测定稀土操作。

（9）根据步骤（5）、（8）所得到的实验数据，根据实验原理中的分配比和分离系数的计算方法进行计算。

2.14.5 实验结果与讨论

将实验数据填写在表2-14中。

表2-14 测量数据记录表

酸度	EDTA/mL	计算	分配比 D

2.14.6 数据整理与分析

（1）对每个步骤的实验条件及实验数据做好详细的记录，保存原始记录；

（2）实验结束后，写出实验报告，回答思考题。

2.14.7 注意事项

操作恒温水浴振荡器时，确认分液漏斗应盖紧，以免震荡过程中有漏液情况发生。

2.14.8 思考题

（1）查阅文献说明 P_{204} 萃取稀土离子过程中，有机相 P_{204} 与稀土离子的反应原理。

（2）萃取过程中，稀土元素Nd和Pr的分配比与分离系数与pH值的关系是什么？

（3）根据实验所得到的信息，请对于如何提高稀元素在 P_{204} 萃取过程的分配比和分离系数提出自己的建议。

3 特殊冶金实验

3.1 浸矿微生物生长曲线研究

3.1.1 实验目的

（1）了解浸矿微生物及其运动状态；

（2）掌握细菌生长的测试和计算方法；

（3）绘制细菌生长曲线。

3.1.2 实验原理

3.1.2.1 显微镜的简单原理

显微镜是人近距离观察细小物体的光学仪器，它主要由物镜、目镜、载物台和反光镜组成。物镜相当于投影仪的镜头，它的作用是把被观测物体放大为一个实像。目镜的作用是将已被物镜放大的、清晰的实像进一步放大，达到人眼能够容易分辨物体的程度。显微镜的放大倍数是物镜的放大倍数与目镜的放大倍数的乘积。例如物镜为10×，目镜为10×，其放大倍数就为10×10＝100。

从显微镜中能看到被观测物的清晰图像，当所观察的标本最清楚时，物镜的前端透镜下面到标本的盖玻片上面的距离就是工作距离。工作距离的大小与物镜镜头的放大倍数有关。不同放大倍数的物镜有着不同的工作距离，见表3-1。高倍数物镜的工作距离很短，例如放大倍数“100×”时，工作距离仅为0.198mm。为了得到清晰的图像而进行调节物距大小的工作叫作调焦。物距增大或减小一点仍然可看清楚物体的图像，这个物距允许增大及减小的最大范围叫作景深（或焦深）。使用高倍镜时有焦深小、视场小、工作距离短及视场暗等特点，会给调节带来一定的困难。

表3-1 物镜的工作距离

物镜	工作距离/mm
10×	6.404
40×	0.48
100×	0.198

3.1.2.2 血细胞计数板直接计数原理

血细胞计数板用厚玻璃制成，它是一块特制的载玻片，其上有由四条槽构成的三个平台。如图3-1所示，中间的平台稍低，它被一短横槽隔成两半，每一边的平台上刻有一个方格网，每个方格网共分九个大方格，中间的大方格为计数室，微生物的计数在计数室中进行。

计数室的刻度有两种规格，一种是一个大方格分为 25 个中方格，而每一个中方格又分成 16 个小方格，如图 3-1(c) 所示；另一种为一个大方格分为 16 个中方格，每个中方格又分为 25 个小方格。无论哪一种规格的计数板，每一个大方格中的小方格的数目是相同的，即都为 16×25＝400 小方格。

每一个大方格的边长为 1mm，则每一个大方格的面积是 $1mm^2$。盖上盖玻片后，载玻片与盖玻片之间的高度为 0. 1mm，所以计数室的容积为 $0.1mm^3$。

计数时，通常为五个中方格的总菌数，然后换算为 1mL 菌液中的总菌数。以一个大方格中有 25 个中方格的计数板为例进行计数，设五个中方格中总菌数 A，菌液稀释倍数 B，那么一个大方格总菌数（即 $0.1mm^3$ 的总菌数）为：

$$A/5 \times 25 \times B \tag{3-1}$$

故 1mL 菌液中总菌数＝$A/5\times25\times10000\times B = 50000\times A\times B$(个)。

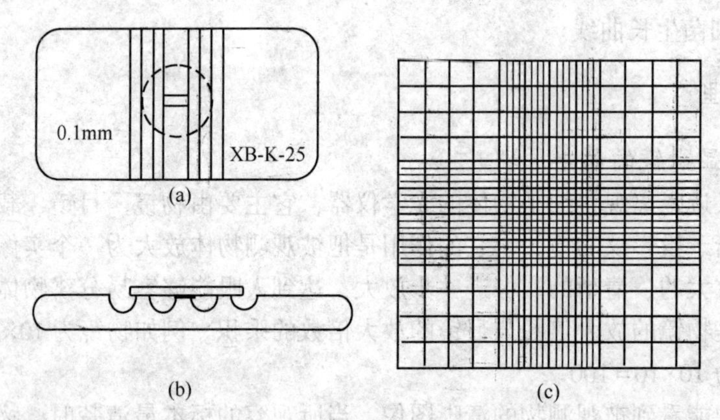

图 3-1　血细胞计数板构造

(a) 正面图；(b) 纵切面图；(c) 放大后方格网（方格网中间为计数室）

3.1.2.3　细菌生长曲线绘制原理

A　细菌的生长曲线

细菌的生长是指细胞组分的增加。将少量的细胞微生物接种到一定容积的液体培养基后，在适宜的条件下培养，定时取样测定细胞数量。细胞个体增加到一定程度就会分裂成大小基本相等的子细胞。由于细菌个体微小，对于研究细菌个体生长和繁殖困难比较大，往往研究群体数量的变化。细菌生长对于细菌群体生长规律的研究是通过分析细菌培养物的生长曲线进行的。通常将细菌置于一个封闭系统中，在液体培养基中分批培养。如果以培养时间为横坐标，以菌量增长数目的对数值或生长速度为纵坐标作图，就可以做出一条可获得曲线（见图 3-2），称为生长曲线。测定细菌的生长曲线对于掌握细菌生长规律非常重要。生长曲线反映出细菌在单次培养条件下从生长繁殖开始到衰老死亡全过程的动态变化规律，通过生长曲线可以知道细菌在哪个时期生长代谢活跃，哪个时期衰老而濒临死亡。这样可根据不同需要，选择不同时期的菌种。细菌的生长曲线可以划分四个阶段，分别为延滞期、对数期、恒定期和衰亡期。

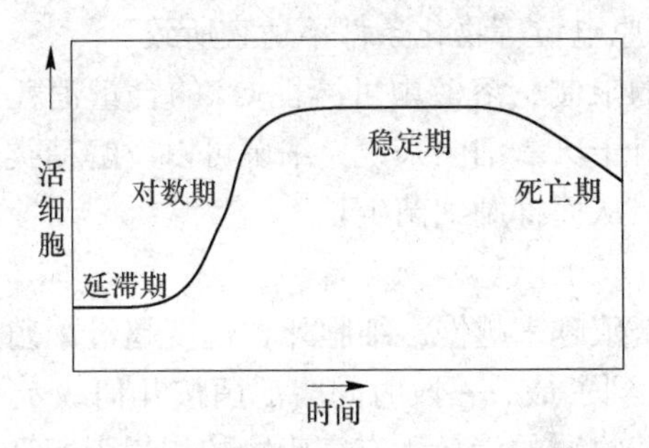

图 3-2 封闭系统中微生物的生长曲线

a 延滞期

延滞期又称调整期、停迟期或延缓期。当细菌被接种到新鲜的培养基后，对新环境有一个短暂适应过程（不适应者可因转种而死亡）。细胞的数量通常不会立即增加，在这一时期细菌生长速度近乎为零，数量几乎不变，称为延滞期。尽管在延滞期细胞没有立即分裂而导致数量增加，但细菌体积增大，细胞代谢活跃，一直在合成新的细胞成分。其表现为胞内 RNA 含量增高，原生质嗜碱性增强，对营养的吸收、CO_2 释放以及脱氨作用也很强，容易产生各种诱导酶，此时的细胞对外界不利因素影响较为敏感。

延滞期出现的主要原因有：

(1) 细胞老化，细胞体内缺乏 ATP，必要的辅助因子及核糖体；

(2) 新的培养基与原来的培养基成分不同，细胞需要一定的时间来合成新的酶；

(3) 细菌细胞受损，需要一定的时间恢复。

另外，延滞期的长短还受到菌种的遗传特性、菌龄等因素影响。延滞期短的只有几分钟，长的达几个小时，甚至数十个小时。延滞期太长不利于工业生产，因此应尽量缩短延滞期。常用的措施有增加接种量，即采用最适龄的菌落（即处于对数期的菌种）或在培养基中加入某些成分，从而缩短菌落的延滞期。

b 对数期

对数期又称指数期，此生长期最显著的特点是细菌数目以稳定的速率按照几何级数增加。在此阶段，细菌代谢活跃，并且以最快的速度进行生长分裂，此期细菌形态、染色体、生物活性都很典型，对外界环境因素的作用敏感，所以研究细菌性状应选此期细菌最好。在对数期，细菌生长是均衡生长，即所有的细胞组分彼此相对稳定速度合成。

c 恒定期

恒定期又称稳定期或最高生长期。经过对数生长期，群体的生长最终会相对停止，活细胞总数处于运动平衡，即新增殖的细胞与死去的老细胞几乎相等，生长曲线趋于平稳，因此外边看上去这时的生长速度趋近于零。恒定期的细菌在数量上达到了巅峰，细菌细胞浓度通常在 10^9 个/mL 左右。恒定期细菌细胞总数量保持恒定，可能是分裂产生的新细胞与死亡细胞相等，或者是细胞停止分裂而保持代谢活性。恒定期细胞浓度受到营养条件、细菌种类和其他因素的影响。在分批培养过程中，细菌细胞不能按对数期的高速无限生长，细菌生长进入恒定期可能是有多种因素共同决定的。细菌进入恒定期的原因有：

(1) 营养物质有限，如果出现某一种营养物质匮乏，细菌生长将会得到影响；

(2) 溶液中有害物质的累积；

(3) 溶液 pH、氧化还原电位等物化条件不适宜所致；

(4) 好氧菌受氧浓度的限制，溶液中可溶性 O_2 的含量消耗或降低，使得细菌细胞可能由于缺氧而不能生长，对于厌氧细菌来说，细菌可以发酵糖类生产大量的乳酸和其他有机酸，导致培养基呈酸性，从而抑制细菌生长。

d　衰亡期

继恒定期之后，细菌繁殖越来越慢，细胞死亡速度超过繁殖速度，群体中活菌总数逐渐下降，出现“负增长”。到了最后一段时间，活菌按几何级数下降，有人称它为“对数死亡”阶段。在衰亡期营养物质的消耗和有害废物的积累引起环境条件恶化，导致活细胞数量下降，细胞含颗粒更明显，液泡出现，有的菌体开始自溶，并释放一些产物，如氨基酸、醇和抗生素等。衰亡期里活细胞与死细胞总数保持恒定。

尽管大多数细菌以对数方式死亡，但当细胞数量突然减少后，细胞某些抗性特别强的个体继续存活，所以衰亡期是复杂的。

B　细菌生长的计算

研究细菌在对数期的生长速度是十分必要的，在对数期细胞数量以 2 的指数（n^2）方式增加，细胞增加一倍所需时间称为代谢时间或者倍增时间。细胞数量以对数方式增加，其表达式为：

$$N_t = N_0 \times 2^n \tag{3-2}$$

式中，N_0 为起始细胞数；N_t 为 t 时间细胞数；n 为世代数。

式（3-2）经过变化，得到以下公式：

$$\lg N_t = \lg N_0 + n \cdot \lg 2 \tag{3-3}$$

$$n = \frac{\lg N_t - \lg N_0}{\lg 2} = \frac{\lg N_t - \lg N_0}{0.301} \tag{3-4}$$

如果用 k 表示分批培养时细菌细胞平均生长速度常数，那么代表单位时间的世代数为：

$$k = \frac{n}{t} = \frac{\lg N_t - \lg N_0}{0.301c} \tag{3-5}$$

细胞总数增加一倍所需时间为平均代时，或平均倍增时间 g，此时 $t=g$，而 $N_t = 2N_0$，代入式（3-5）得：

$$k = \frac{\lg(2N_0) - \lg N_0}{0.301g} = \frac{\lg 2 + \lg N_0 - \lg N_0}{0.301g} = \frac{1}{g} \tag{3-6}$$

因而平均代时是平均生长速度常数的倒数。

$$g = \frac{1}{k} \tag{3-7}$$

例如，某细菌总数在 10h 内由 10^3 个增加到 10^9 个时，由式（3-6）、式（3-7）可得平均代时 k 和平均生长速度 g，即：

$$k = \frac{\lg N_t - \lg N_0}{0.301} = \frac{\lg 10^9 - \lg 10^3}{3.01\text{h}} = 2 \tag{3-8}$$

$$g = 1/2(\text{代})$$
$$= 0.5\text{h/代}$$

3.1.3 实验设备及材料

(1) 设备：生物显微镜。
(2) 材料：盖玻片，载玻片。

3.1.4 实验步骤

(1) 开启生物显微镜，用滴管取一滴菌液在血细胞计数板上，盖上盖玻片；
(2) 将血细胞计数板放在生物显微镜的载物台上进行观察，调整血细胞计数板计数室到视野内，进行菌数测定；
(3) 关闭生物显微镜，冲洗血细胞计数板及所用仪器。

3.1.5 注意事项

注意生物显微镜的使用规范，避免目镜、物镜磕碰。

3.1.6 实验记录

记录实验现象、微生物大小和运动状态。

3.1.7 实验报告要求

(1) 简述实验原理；
(2) 描述浸矿微生物的形态、大小及运动状态；计算细菌个数；绘制细菌生长曲线。

3.1.8 思考题

(1) 微生物对于浸矿过程中的作用是什么？
(2) 采用微生物浸矿有什么好处？

3.2 浸矿微生物驯化培养研究

3.2.1 实验目的

(1) 了解微生物生长所需要的培养基，以及9K培养基的配置；
(2) 了解细菌的驯化过程，学习测定细菌生长过程中的各种参数。

3.2.2 实验原理

3.2.2.1 培养基

细菌的生长离不开营养和能量的来源，培养基既是提供细胞营养和促使细胞增殖的基础物质，也是细胞生长和繁殖的生存环境。不同的微生物有着不同的营养要求，因此，需根据不同微生物的营养需求配置不同的培养基。目前培养基种类有很多，大约有数千种不同的培养基。培养基配成后一般需测试并调节 pH 值，还须进行灭菌，通常有高温灭菌和过滤灭菌。培养基由于富含营养物质，因此，易被污染或变质。配好后不宜久置，最好现配现用。在微生物有色金属冶金过程中常用到的细菌是氧化亚铁硫杆菌，这种细菌的培养基大多数采用 Leathen 或 9K。

3.2.2.2 细菌的驯化

为使细菌具有最大活性，必须通过驯化使细菌适应其工作条件相似的基质。这种驯化往往向培养基或者浸出悬浮液循序渐进地提高金属离子浓度，使菌株对高金属离子浓度适应。其方法是：首先，在三角瓶中加入一定体积的培养基，配入一定量的某种金属离子（保持低浓度），然后接种入需要驯化的细菌进行恒温培养，待细菌适应并能正常生长后再将它接种到新的一份培养基中，其金属离子浓度比上一次高，继续培养，进行多次，每一次的培养基中金属离子浓度都比前一次高。

3.2.3 实验设备及材料

（1）设备：电阻炉，pH 计，电子天平。

（2）药品：K_2CrO_7，二苯磺胺酸钠，HCl，$SnCl_2$，$TiCl_3$，Na_2WO_4，$CuSO_4$，H_2SO_4，H_3PO_4，9K 培养基。

3.2.4 实验步骤

3.2.4.1 药品配制

（1）K_2CrO_7 标准液 0.1mol/L。用电子天平称取 4.903g K_2CrO_7，在烧杯中全部溶解后，倒入 1000mL 的容量瓶中。用蒸馏水反复冲洗烧杯，使得溶液全部转移到容量瓶中。向容量瓶中加入蒸馏水至刻度线，摇匀即得到 0.1mol/L 的 K_2CrO_7 标准液。以此方法，该标准液还可以配置 0.01mol/L 和 0.005mol/L K_2CrO_7 标准液。

（2）二苯胺磺酸钠 0.5%。称取 0.5g 二苯胺磺酸钠，加入 100mL 蒸馏水，可得 0.5% 二苯胺磺酸钠。

（3）1∶1 HCl（6mol/L）。HCl 与蒸馏水按 1∶1 配比，即可得到 6mol/L HCl。

（4）10% $SnCl_2$。称取 10g $SnCl_2 \cdot 2H_2O$ 溶于 50mLHCl（化学纯）中，溶后加 50mL 蒸馏水，加入几粒锡粒，即可得到 10% $SnCl_2$。

（5）1.5% $TiCl_3$。取 10mL 原装 $TiCl_3$，用稀盐酸稀释至 100mL，即得到 1.5% $TiCl_3$（不稳定）；

（6）10% Na_2WO_4。称取 10g Na_2WO_4 溶解于 1000mL 蒸馏水中，可得 10% Na_2WO_4。

（7）0.4% $CuSO_4$。称取 0.4g $CuSO_4$ 溶解于 1000mL 蒸馏水中，可得 0.4% $CuSO_4$。

（8）硫磷混酸（纯化学的 H_2SO_4 和 H_3PO_4 各一份）。欲取 1000mL 溶液，在 500mL 蒸馏水中加 250mL H_2SO_4，冷却后搅拌均匀，再加入 250mL H_3PO_4，冷却，搅拌均匀，可得硫磷混酸。

（9）9K 培养基。实验所用的 9K 培养基为 9K-Ⅰ型。称取 $(NH_4)_2SO_4$ 药品 3.0g，KCl 药品 0.1g，K_2HPO_4 0.5g，$MgSO_4 \cdot 7H_2O$ 0.5g，$Ca(NO_3)_2$ 0.01g，蒸馏水 700mL，反复摇晃直到均匀混合，溶液呈无色。

3.2.4.2 pH 的测定

提前 30min 打开 pH 计预热，准备冲洗电极用的蒸馏水；预热后，安装好甘汞—铂电极，将 pH—MV 开关置于 MV 档，将电极放于被测溶液中；等到示数稳定后所显示的数值即为溶液的 pH 值；取出电极，用蒸馏水冲洗干净，用滤纸吸干，插入保护液中。

3.2.4.3 Fe^{2+}测定

（1）用 1mL 移液管移取待测菌液 1mL 放入到 250mL 锥形瓶中，然后加入硫磷混酸 0.5mL，摇匀；

（2）加三滴二苯胺磺酸钠，然后用 0.005mol/L K_2CrO_7 标准液进行滴定，直到溶液出现紫色，并且紫色稳定存在 30s，此为滴定终点；

（3）Fe^{2+}的计算式为：

$$Fe^{2+} = (V_2 - V_1) \times N \times 55.85 \text{ g/L} \tag{3-9}$$

式中，V_2、V_1 为所用 K_2CrO_7 标准液体积，mL。

（4）TFe 的测定。TFe 的测定分为以下几个步骤：

1）用 1mL 移液管取待测菌液 1mL 放入 250mL 锥形瓶中，加入 HCl 溶液 0.4mL，摇匀，用电炉加热至 80℃，瓶口有白色气体冒出；

2）加热 10% $SnCl_2$ 溶液使溶液变成淡黄色，加 10%Na_2WO_4 溶液一滴，1.5% $TiCl_3$ 溶液一滴，0.4% $CuSO_4$ 溶液一滴，摇匀；

3）冷却 2～3min，加入硫磷混酸，使蓝色褪去，再加入三滴二苯胺磺酸钠，用 0.01mol/L K_2CrO_7 标准液进行滴定，直到溶液出现紫色，并且 30s 内紫色不消失，此为滴定终点。

3.2.5 注意事项

（1）注意配置溶液过程中各量称量的准确性；

（2）配置溶液过程中，佩戴防护用品，避免腐蚀性液体接触眼睛和皮肤等，一旦出现接触，应用大量清水清洗。

3.2.6 实验记录

将测得的实验数据填入表 3-2 中。

表 3-2 数据记录

时间/d	pH 值	*Eh*	Fe^{2+}/mol·L^{-1}	TFe/mol·L^{-1}	Fe^{3+}/Fe^{2+}	备注
1						
2						
3						
4						
5						

3.2.7 实验报告要求

（1）溶液配置过程。

（2）绘制出 pH 值、*Eh*、Fe^{2+}、TFe 随时间的变化曲线。

3.2.8 思考题

（1）如何配置细菌溶液的培养基？

（2）配置细菌溶液过程中应注意哪些问题？

3.3 硫化矿和氧化矿的微波焙烧实验

3.3.1 实验目的

（1）了解微波加热的原理和特点，熟悉微波浸出设备的技术性能和操作；

（2）利用微波设备进行硫化矿和氧化矿的浸出研究，考察影响因素；

（3）对微波加热后的硫化矿和氧化矿进行湿法浸出，以探究不同条件下微波加热的作用效果；

（4）分析并处理实验数据，总结实验规律。

3.3.2 实验原理

微波是一种高频电磁波，是无线电波中一个有限频带的简称，其频率为 300～300000MHz，波长为 0.01～1m，对应的电子能级范围为 $4.6\times10^{-6}\sim1.2\times10^{-6}$eV。微波频率比一般的无线电波频率高，通常也称为超高频无线电波。微波作为一种电磁波也具有波粒二象性。受国际电磁频谱分配和利用的限制，我国目前家用频率较多为 2450MHz，工业用微波炉频率多为 915MHz。这两种频率的微波在自由空间的相应波长为 12.5m 和 32.8m。

微波加热就是利用微波的能量特征，对物体进行加热的过程。它利用直流电源使磁控管产生微波功率，通过波导输送到加热器中，处于加热器中的物料吸收微波功率后，本身分子的运动在高频电磁中受到干扰和阻碍，产生了类似摩擦的作用，温度随之升高。因此，微波加热的原理就是微波被吸收后，引起物体内部分子的激烈振动而迅速升温。

3.3.2.1 微波加热的特点

由于微波能对物质具有选择性加热，对吸波物质化学反应具有催化作用，物质吸收的微波能几乎 100%转化为热效应等特点，故微波加热的热效率高，吸波物质升温极为迅速。在正常的含水范围内，原料含水对微波处理是有利的。与常规的加热方法相比，微波加热的优点是：

（1）加热速度快。微波加热的最大特点是，微波是在被加热物内部产生的，由于微波能够导致物料本身分子、原子的振动和转动产生热运动，而不是依靠物体本身的热传导，因此加热速度比常规方法快得多。

（2）反应灵敏。常规方法（电热、蒸汽、热空气等）加热时，要达到一定温度都需要相当长的时间，停止加热时使温度降下来又需要较长的时间。而微波加热时开机即可正常运转，调整微波输出功率，物料的加热情况立即无惰性地随之改变，因此便于自动控制。

（3）加热均匀。常规加热是物料表面先发热，然后通过热传导把热量传到物料内部，而微波加热是整个物体同时加热，因此加热比较均匀。

（4）热效率高，设备占地面积小。由于微波是直接对物料加热，除少量微波传输损失外，几乎没有其他的额外损耗，因此热效率高，节约能源，设备占地面积也比较小。

（5）微波加热具有较好的选择性，微波加热所产生的热量和被加热物的损耗有着密切关系，对不同物质起不同的作用。并且还具有清洁、无污染等特点，这在矿冶工程中应用是很有意义的。

3.3.2.2 *微波加热在浸出过程中的优势*

浸出是湿法冶金中的重要工序。在传统加热的浸出反应过程中，当浸出进行到一定时间后，常由于产生固体生成物层包裹未反应核，使浸出反应受阻，速率变慢，延长浸出反应时间，增加能耗。

微波辐射加热用于浸出过程是解决这一问题的途径之一。微波加热具有内部加热、快速加热、选择性加热、高频振动、无搅拌装置等特点。在微波能与物质作用产生热效应同时，还表现出化学效应、极化效应和磁效应等使矿粒间产生热应力裂纹和孔隙或与添加物反应，不断更新反应界面，有助于改善浸出效果。微波能促使固体颗粒易破裂，暴露出新鲜表面，有利于液固反应进行。微波加热为内外部同时进行，可避免传统加热方式中固体颗粒存在的内外温度梯度；外加以电场作用，浸出体系中极性分子会迅速改变方向进行高速振动，增加物质间相互碰撞，在介电颗粒周围形成较大的热对流液流，搅拌溶液并驱散颗粒外层的生成物层，强化浸出反应过程。对微波加热强化浸出过程的研究结果都表明，在相同温度、压力、浓度和粒度条件下，微波加热条件下的浸出反应速率比传统加热条件下浸出反应速率快得多。

3.3.2.3 *微波技术在湿法冶金中的运用*

在湿法冶金应用方面，由于微波加热独有特点，使之与传统工艺相比，可以强化浸出过程，缩短浸出时间，有效地降低能耗。该工艺的研究与应用对湿法冶金发展具有实际意义。尽管在冶金领域对微波能的利用的研究成果尚未有实质性的工业应用，但随着人们对环保要求的日益增强，世界能源短缺以及全球性竞争的加剧，采用高效的常规或非常规技术来提高效益、降低成本是将来发展的必然趋势。随着高新技术的发展和对微波技术研究的日益深入，微波作为一种清洁、干净有效的能源，在冶金领域也必将发挥重要的作用，具有广阔的应用前景。

3.3.3 实验设备

实验所用仪器为昆明理工大学机电厂所生产的微波箱式高温反应器，型号为 HM-X08-16，如图 3-3 所示。

该反应器主要包括以下几大部分：

（1）微波功率源。根据实际反应物的需要，选定频率。为提高系统的稳定，保持特有恒定功率，需连续微调微波输出，其功率大小可根据实际需要或对应终端参数手动调节。

（2）微波传输系统。微波传输测量系统包括连接波导、环形器、水负载、定向耦合器、阻抗调配器、合成腔体和红外光纤测温仪（光信号的采集与传输、光电转换器、数据采集及处理）。将微波功率源提供的微波功率以最低损耗传输给终端反应腔系统，并确保在反应腔系统中被处理负载特性在较大范围变化时，均能良好传输，不影响微波源的稳定工作。

图 3-3 微波箱式高温反应器装置图

(3) 微波反应器及其附属系统。它们确保微波功率能与反应物产生最有效的相互作用。反应器附设真空、充气、红外测温等附属设施，以确保特定反应的需要。

多种终端参数测控系统。其是指根据反应物的需要设定的如温度、气压等参数的测量和使之稳定所需的反馈控制系统。

(4) 红外光纤测温仪。进行光信号的采集与传输、光电转换器、数据采集及处理。为使合成材料整体温度分布均匀，需使用保温材料。由于高铝质材料熔点高不会污染合成样品，则采用高铝耐火材料做成的保温腔体，使置于其中的合成材料有一温度分布均匀的加热环境。

3.3.4 实验设备及材料

(1) 设备：微波箱式高温反应器。

(2) 药品：硫化矿，氧化矿，硫酸，盐酸。

3.3.5 实验步骤

(1) 将待反应物料放入反应器中，并将反应器送入微波炉腔内，插入热电偶，擦拭炉门内侧的密封圈，关闭炉门。

(2) 接通电源和风机，闭合微波反应器空气开关。此时控制面板上可正常显示参数值。

(3) 首先确认温度一和温度二的温度（温度一为钨铼电偶显示值，温度二为双铂铑电偶显示值，使用时可以任意接入其中一个电偶，并以相应显示数为准）。

(4) 查看操作屏显示情况。显示屏共有四个模块，第一个为主画面模块，其主要监控参数为功率、四个磁控管电流、相应电偶温度、炉壁温度等。第二为历史趋势模块，主要显示是温度一、温度二和温度设置值随时间的变化。第三为报警显示模块，在该模块内会出现当前设备的异常状态，在此处应注意三点，一是急停按钮是否按下（若亮起报警红灯，则表示急停按钮被按下，应该弹起急停按钮）；二是炉门报警情况（若亮起报警红灯则表明炉门关闭不严，解决办法应该再次擦拭密封圈，再次关紧炉门）；三是循环水报警情况（若亮起报警红灯则表明循环水未开启或水压不够，解决办法应该打开循环水和增大水压）。第四个模块为参数设置，在这一模块下，依次根据实验条件设置升温段数、目标温度、保温时间以及磁控管过流报警值（一般设置为 9A）、输出系数（一般从 0.50 开始，依据升温情况依次递增调节）和电偶选择（在钨铼和双铂铑电偶中选择）。

（5）观察炉壁温度和红外测温数值（如果使用红外测温则需要注意示数，炉壁温度一般不超过 245℃），之后点击复位按钮，并点击启动按钮开启设备。

（6）在反应过程中可以点击电子操作屏上的参数设置模块随时调节相应参数，并隔一段时间使用微波检漏仪进行微波泄漏测试。若在实验中出现微波泄漏，则要立即点击急停按钮或停止按钮关闭设备，待排除故障后再次开启。

（7）当实验结束时，设备会根据之前设置的时间自动关闭。关闭后继续开启循环水，待温度低于 500℃后，关闭设备电源、循环水和风机。物料随炉冷至室温，之后开启炉门、拆卸反应器，取出物料。

3.3.6　注意事项

（1）需按照实验操作步骤正确使用微波设备，注意安全；
（2）实验结束后，须认真检查设备，确保断水断电。

3.3.7　实验记录

做好实验记录，将测得的实验数据填入表 3-3 中，并计算浸出率，总结实验规律。

表 3-3　微波浸出实验结果

序号	微波功率/kW	浸出温度/℃	浸出时间/min	浸出率/%
1				
2				
3				
4				

3.3.8　实验报告要求

（1）简述实验原理；
（2）讨论影响实验结果的因素有哪些。

3.3.9　思考题

（1）微波焙烧与传统焙烧相比具有哪些优点？
（2）硫化矿和氧化矿微波焙烧的区别有哪些？
（3）微波焙烧设备在使用上应有哪些注意事项？

3.4　微波燃烧合成和微波烧结实验

3.4.1　实验目的

（1）了解微波加热的原理和特点，熟悉微波设备的技术性能和操作；

（2）利用微波设备进行燃烧合成与烧结研究；

（3）分析实验数据，总结实验规律。

3.4.2 实验原理

微波是一种高频电磁波，是无线电波中一个有限频带的简称，其频率为300～300000MHz，波长1～0.01m，对应的电子能级范围为$4.6\times10^{-6}\sim1.2\times10^{-6}$eV。微波频率比一般的无线电波频率高，通常也称为超高频无线电波。微波作为一种电磁波也具有波粒二象性。受国际电磁频谱分配和利用的限制，我国目前家用频率较多为2450MHz，工业用微波炉频率多为915MHz。这两种频率的微波在自由空间的相应波长为12.5m和32.8m。

微波加热是利用直流电源使磁控管产生微波功率，通过波导输送到加热器中。处于加热器中的物料吸收微波功率后，本身分子的运动在高频电磁中受到干扰和阻碍，产生了类似摩擦的作用，温度随之升高。因此，微波加热的原理就是微波被吸收后，引起物体内部分子的激烈振动而迅速升温。

微波对凝聚态物质加热时，其加热不同于一般的常规加热方式，如图3-4所示。当用传统方式加热时，点火引燃总是从样品表面开始，燃烧波从表面向样品内部传播，最终完成烧结反应；而采用微波照射时，情况则不同，由于微波有很强的穿透能力，能深入到样品内部，首先使样品中心温度迅速升高达到着火点，并引发燃烧合成，烧结波沿径向从里向外传播，这就使整个样品几乎是均匀地被加热，最终完成烧结反应。微波加热是材料在电磁场中由介质损耗而引起的“体加热”。这种加热方式与高频介电加热技术类似，只不过采用的工作频率为微波频段而已。微波加热意味着将微波电磁能转变为热能，其能量是通过空间或媒质以电磁波形式来传递的。对物质的加热过程与物质内部分子的极化有着密切的关系。

微波体加热作用不仅使加热更快速，而且更均匀，大大缩短了处理材料所需的时间，节省了宝贵的能源，还可改善加热的质量，防止材料中有用（有效）成分的破坏和流失等。

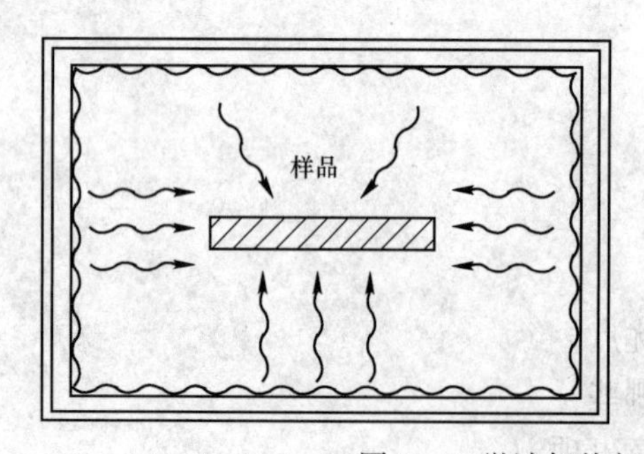

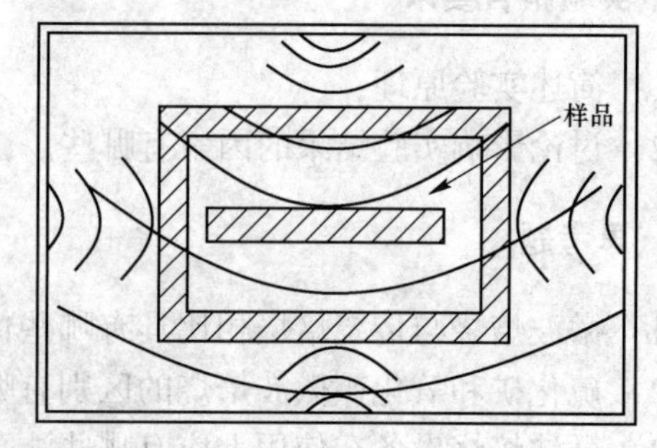

图3-4 微波加热与常规加热方式对比图

金属化合物与微波场的作用可以分为三种基本类型。第一种类型的物质一般都是变价化合物，如Ni_2O_3、MnO_2、SnO_2等，它们具有很强的吸收微波的能力，是一种高损耗物质，这类物质在微波场中的升温速率很快，约为200℃/min，因此说明这类物质在微波场中有很高的活性，它们对微波极其敏感；第二种类型的物质吸收微波能力较弱，但它们经微波照射一段时间后，也会表现出很快的升温特性，如Fe_2O_3、Cr_2O_3、V_2O_5等，这类物质的微波升温曲线明显出现一个拐点，表明这类物质需要在场中辐照一段时间后才出现温度急剧上升的情况，通常将这种现象叫作热失控或温度失控；第三类物质在微波场中升温很慢或基本上不升温，他们对微波是透明的，没有反应，如 Al_2O_3、TiO_2 等。各种金属氧化物吸收微波的能力随组分、结构的不同而有明显的差异。

微波烧结对材料的合成与传统的固态合成有明显不同。传统的固态烧结方法一般从材料的外部加热，往往由于材料的表面受热不均匀以及长期受热造成颗粒团聚现象；而微波烧结则从原料内部加热，材料在电磁场中引起体加热而均匀受热，快速升温合成目的产物，大大缩短了样品合成时间快速升温至合成所需的温度，有效降低了能源损耗，缩短了合成反应时间，不会造成类似于固相烧结法由于材料长时间置于高温环境而引起局部过热产生副产物。同时，选择合适的原料，控制粒径在微米级及亚微米级，材料的均匀性会得到改善。用微波烧结法合成的材料具有节能、快速、抑制晶粒生长、应用范围广和符合环保要求等优点，这一新型的烧结方法正日益受到人们的重视。

3.4.3 实验设备及材料

（1）设备：微波箱式高温反应器。

（2）药品：氧化锰，氢氧化锂，三氧化二钴，丙酮，无水乙醇。

3.4.4 实验步骤

将试样按要求混合均匀，并用玛瑙研钵研磨 30min 左右，将研磨好的物料置于 50mL 瓷坩埚中。将此坩埚置于微波反应腔体中心，对准红外测温探头，盖上保温砖。控制气氛下，按一定功率发射微波，反应物吸收微波后迅速升温，进行化学反应。在某个特定温度下，调整微波功率，保温一段时间之后停止发射微波。产物随炉冷却至室温。

其中，微波装置操作步骤如下所示：

（1）将待反应物料放入反应器中，并将反应器送入微波炉腔内，插入热电偶，擦拭炉门内侧的密封圈，关闭炉门。

（2）接通电源和风机，闭合微波反应器空气开关。此时控制面板上可正常显示参数值。

（3）首先确认温度一和温度二的温度（温度一为钨铼电偶显示值，温度二为双铂铑电偶显示值，使用时可以任意接入其中一个电偶，并以相应显示数为准）。

（4）查看操作屏显示情况。显示屏共有四个模块，第一个为主画面模块，其主要监控参数为功率，四个磁控管电流，相应电偶温度，炉壁温度等。第二为历史趋势模块，主要显示是温度一、温度二和温度设置值随时间的变化。第三为报警显示模块，在该模块内会出现当前设备的异常状态，在此处应注意三点，一是急停按钮是否按下（若亮起报警红灯，则表示急停按钮被按下，应该弹起急停按钮）；二是炉门报警情况（若亮起报警红灯则表明炉门关闭不严，解决办法应该再次擦拭密封圈，再次关紧炉门）；三是循环水报警情况（若亮起报警红灯则表明循环水未开启或水压不够，解决办法应该打开循环水和增大水压）；第四个模块为参数设置，在这一模块下，依次根据实验条件设置升温段数、目标温度、保温时间以及磁控管过流报警值（一般设置为 9A）、输出系数（一般从 0.50 开始，依据升温情况依次递增调节）和电偶选择（在钨铼和双铂铑电偶中选择）。

（5）观察炉壁温度和红外测温数值（如果使用红外测温则需要注意示数，炉壁温度一般不超过245℃），之后点击复位按钮，并点击启动按钮开启设备。

（6）在反应过程中可以点击电子操作屏上的参数设置模块随时调节相应参数，并隔一段时间使用微波检漏仪进行微波泄漏测试。若在实验中出现微波泄漏，则要立即点击急停按钮或停止按钮关闭设备，待排除故障后再次开启。

（7）当实验结束时，设备会根据之前设置的时间自动关闭。关闭后继续开启循环水，待温度低于500℃后，关闭设备电源、循环水和风机。物料随炉冷至室温，之后开启炉门、拆卸反应器，取出物料。

3.4.5 注意事项

（1）需按照实验操作步骤正确使用微波设备，注意安全；

（2）实验结束后，须认真检查设备，确保断水断电。

3.4.6 实验记录

做好实验记录，将测得的实验数据填入表3-4中，观察实验现象。

表3-4 微波合成与烧结实验结果

序号	微波功率/kW	合成与烧结温度/℃	反应时间/min
1			
2			
3			
4			
5			

3.4.7 实验报告要求

（1）讨论影响微波合成与烧结的因素；

（2）写出实验报告，总结实验规律。

3.4.8 思考题

（1）简述微波合成的基本原理和应用前景？

（2）影响微波合成与烧结的因素有哪些？

（3）微波设备在使用上应有哪些注意事项？

3.5 超声波与光催化材料协同作用

3.5.1 实验目的

（1）了解光催化作用、超声波作用降解有机物的原理；

（2）了解超声波与光催化协同效应的原理和方法。

3.5.2 实验原理

3.5.2.1 多相催化法降解有机物的原理

多相光催化法是日益受到重视的污染治理新技术，它始于20世纪60年代。1972年，Fujishima和Honda在TiO_2电极上进行光催化电解水的实验获得了成功，使得半导体光催化技术进入了一个新时期。1976年J. H. Cary报道了TiO_2水浊液在近紫外光照射下可使多氯联苯脱氯，从而开辟了TiO_2光催化氧化技术在环保领域的应用前景。与其他水处理方法比较，光催化在成本、效率和安全性等方面有一定的优越性。并且具有选择性好、适用范围广、可在常温常压条件下使污染物彻底破坏等优点。在光催化剂存在条件下，利用太阳光和空气可直接把有机物分解成一些无机小分子物质，如水和二氧化碳。近几十年来的研究证实，染料、表面活性剂、农药、油类、有机卤化物、氰化物等能有效通过光催化反应脱色、脱毒，并矿化为无机小分子物质，从而消除对环境的污染。以太阳能为激发光源的TiO_2光催化氧化技术具有高效、节能、无二次污染等优点，极具研究价值。

能够作为光催化剂的N型半导体材料主要有ZnO、Fe_2O_3、CdS、WO_3和TiO_2等。其中TiO_2以其无毒、廉价易得、光催化活性高、光稳定性好，并且具有合适的能级特点受到了人们的重视。在水净化和空气净化中，TiO_2是常用的光催化剂。

TiO_2具有三种晶型结构，即锐钛矿型、金红石型和板钛矿型。其中锐钛矿型具有较好的光催化作用，属于N型半导体。当N型半导体吸收的能量大于或等于禁带宽度的光子后，价带上的电子跃过价带进入导带，价带上形成光致空穴。对于锐钛矿型TiO_2，其中隙能为3.2eV，相当于波长为387nm的光。

由于·OH的不稳定，因此具有很高的活性，氧化能力高于H_2O_2和O_3，能氧化难降解的有机物，将有机物中的C、H、S分别氧化成CO_2、H_2O_2、SO_4^{2-}。并且·OH对反应物几乎无选择性，因而在光催化氧化中起着决定性的作用。

TiO_2表面高活性的电子具有很强的还原能力，可以还原去除水中的重金属离子，但离子也极易与空穴复合，使光催化效率降低。如果体系中存在电子接收体，则可降低空穴与电子的复合几率，提高光催化效率。

影响TiO_2光催化活性的因素有晶型、粒度、烧结温度、烧结时间以及溶液的pH值、光源种类、光强、反应物浓度、电子接收体或氧化剂等。TiO_2用光催化剂主要为锐钛矿型和金红石型。一般认为锐钛矿型比金红石型的光催化活性要高，这是由于锐钛矿型与金红石型相比有很多的晶格缺陷，并且带隙略大于金红石型，使金红石型TiO_2表面吸附能力不如锐钛矿型，形成的光生电子和空穴容易复合，从而导致催化剂活性下降。TiO_2粒度越小，催化活性越高，随着离子尺寸的减小，半导体粒子的有效带隙增加，其相应的吸收光谱和荧光光谱发生蓝移，从而在能带中形成一系列分立的能级。催化剂的烧结温度对其活性有着显著的影响，一般控制在350~550℃之间，不超过700℃为宜。

其他如pH值、光强、反应物浓度、电子接收体和氧化剂等会影响光催化剂的活性。

3.5.2.2 超声波降解有机物的原理

超声波技术作为一种新型的污染治理技术，正受到人们的重视，它具有操作简单方便、降解速度快等优点，在强化污水及有毒有害和难降解有机废水处理等方面已经显示出巨大潜力。

超声波是指能够传递信息，易于获得较集中的声能。人耳朵能听到的声波频率为20~20000Hz，当声波的振动频率大于20000Hz时，人耳无法听到。超声波因其频率下限大约等于人的听觉上限而得名，因此，把频率高于20000Hz的声波称为“超声波”。超声波是由一系列疏密相间的纵波构成，通过介质向周围传播，超声波的频率范围一般为20~100MHz，当一定强度的超声波施于某一液体系统时，将产生一系列的物理和化学效应，并明显改变液体中溶解态和颗粒态物质的特性，这些反应由声场条件下大量空化气泡的产生和破灭引起。当声能足够高时，在疏松的半周期内，液相分子间的吸引力被打破，形成空气化气泡，其寿命约为0.2μs。空气化气泡破灭将产生极其短暂的强压力脉冲，并在气泡周围微小空间形成局部热点。声化学反应主要源于声音的空化效应以及由此引起的物理和化学反应。液体的声控化过程是集中声场能量并迅速释放的过程，超声波对有机物的降解不是直接的声波作用，因为超声在液体中波长为10~0.015cm，远远大于分子的尺寸，而是和液体中产生的空气化气泡的崩灭有密切关系。足够强度的超声波通过液体时，在声波负压半周期，存在于液体中产生的空气化气泡会迅速张大，在继而来的声波正压相中，气泡又绝热压缩而崩灭，在空化泡崩灭的极短时间内，会在空化泡周围的极小空间中产生高温高压，进入空气泡中的水蒸气在高温和高压环境中发生分裂生成氧自由基（·OH）的链式反应，·OH又可以结合生成过氧化氢H_2O_2，同时并伴有强烈的冲击波和时速高达400km/h的射流。这种反应是由于产生高活性的自由基和热解引起的。这种空气化气泡充满蒸气并被疏水性的液体边界包围，因此，挥发性和疏水性物质优先积累于气泡中，发生热解和自由基反应。研究表明这种声化学反应主要发生在100~1000kHz中等频率范围内。

在空化效应作用下，有机物的降解过程可以通过高温分解或自由基反应两种历程进行。在超声空化产生的局部高温、高压环境下，水被分解产生·H和·OH自由基，另外溶解在溶液中的N_2和O_2也可以发生自由基裂解反应，产生·N和·O自由基。这些自由基会进一步引发有机分子断链。自由基的转移和氧化还原反应，可见超声降解本质上完全同光催化，也是属于自由基氧化机理。实验发现，超声波降解过程中，会产生一系列复杂的中间产物，这与溶液中存在着众多的自由基种类有关。因此，超声波将成为一种新颖的、无污染的污水处理方法。

影响超声波降解的因素有超声波功率强度、超声波频率、溶解气体的影响、液体的性质、温度以及协同效应等。超声波降解反应的速率一般总是随功率强度的增大而增加。由于自由基的产率随声源频率的增加而增加，所以通常高频率超声波有助于提高超声降解速度。

由于溶解气体对空气化气泡的性质和空化强度有重要的影响，并且溶解气体N_2和O_2发生的自由基也参与降解过程，因此，影响反应机理和降解反应的热力学和动力学行为。液体的性质如溶液的黏度、表面张力、pH值以及盐效应都会影响溶液的超声空化效果。温度升高会导致气体溶解度减小，表面张力降低和饱和蒸气压增大，这些变化对超声空化是不利的，因此声化学过程一般都在室温下进行。为提高降解速度，降低费用，可将超声波与光催化降解等水处理法相结合，有可能在充分发挥超声波的化学效应的同时，也使其机构效应通过其他过程的强化效应得到发挥，从而产生协同效应，提高有机物的降解速度和程度。

3.5.3 实验设备及材料

（1）设备：高压汞灯，干燥箱，紫外可见分光光度计，恒温磁力搅拌水浴锅。
（2）药品：盐酸，氢氧化钠，硝酸，罗丹明 B，去离子水。

3.5.4 实验步骤

（1）室温下，将薄膜型光催化材料置于光催化反应器中，再将罗丹明 B 溶液放入其中，调节 pH 值，开启充气泵，采用 250W 高压汞灯作为光源，每隔一小时取样，通过吸光度的变化来测定罗丹明 B 的光催化降解率。

（2）室温下，将罗丹明 B 溶液放入超声波清洗器中，调节 pH 值，开启充气泵，利用超声波降解罗丹明 B 溶液，溶液降解率测定方法同（1）。

（3）将光催化反应器置于超声波清洗器中，将光催化材料置于光催化反应器中，再将罗丹明 B 溶液置于其中，考察超声波和光催化共同作用下罗丹明 B 溶液的降解效果。

（4）比较不同方法罗丹明 B 溶液的降解率。采用 Optizen 型紫外—可见分光光度计测定吸光度，以 5h 内吸光度的变化测定罗丹明 B 溶液的降解率 ω，可由下式计算：

$$\omega = \left(1 - \frac{A}{A_0}\right) \times 100\% \tag{3-10}$$

式中，A_0 为处理前溶液在最大吸收波长处的吸光度；A 为处理后溶液在最大吸收波长处的吸光度。

3.5.5 注意事项

（1）需按照实验操作步骤正确使用微波设备，注意安全；
（2）实验结束后，须认真检查设备、确保断水断电。

3.5.6 实验记录

做好实验记录，将测得的实验数据填入表 3-5 中，观察实验现象。

表 3-5 光催化实验结果

降解方式	降解前吸光度	降解后吸光度	降解率/%
光催化降解			
超声波降解			
超声波协同光催化			
降价			

3.5.7 实验报告要求

（1）讨论影响实验结果准确性的因素；
（2）写出实验报告，总结实验规律。

3.5.8 思考题

（1）简述光催化降级技术的基本原理和应用前景。

（2）比较不同方法对罗丹明 B 溶液降解率的影响并分析原因。

3.6 电化学交流阻抗分析测量

3.6.1 实验目的

（1）掌握交流阻抗方法等效电路的原理；
（2）学习拟合等效电路的方法。

3.6.2 实验原理

频率响应分析法（FRA），也称为交流阻抗方法，是指正弦波交流阻抗法，测量的是电路阻抗与微扰频率的关系。一般是把不同频率下测得的阻抗（Z）和容抗（$-Z$）作复数平面图，利用测量电池的等效电路分析阻抗谱图，求出电解质和电极界面的相应参数。

当对电导池加上正弦波的电压微扰 $E_0\sin\omega t$ 时，所产生的电流一般为：

$$I_0 = \sin(\omega t + \theta) \tag{3-11}$$

式中，ω 为角频率，$\omega = 2\pi f$；f 为交流频率，Hz；t 为时间，s；θ 为电流对电压的相位移。

正弦交流电一般可用矢量或复数表示。电导池的阻抗 Z 可用复数表示为：

$$Z = \frac{E_0\sin\omega t}{I_0\sin(\omega t + \theta)} = Z' + jZ'' \tag{3-12}$$

式中，Z'为实数部分的电路阻抗，ohm；Z''为虚数部分的电路电抗，ohm。

为把测得的电路与真正的等效电路联系起来，需要对电解池的等效电路进行分析和简化。电解池是一个相当复杂的体系，其中进行着电量的转移、化学变化和组分浓度的变化等。这种体系显然不同于简单的电学元件，如电阻、电容等组成的电路。但是，当用正弦交流电通过电解池进行测量时，往往可以根据实验条件的不同把电解池简化为不同的等效电路。

在交流电通过电解池的情况下，可以把双电层等效地看作电容器，把电极本身、溶液和电极反应所引起的阻力看成电阻。因此可以把电解池分解为如图 3-5 所示的交流阻抗电路。

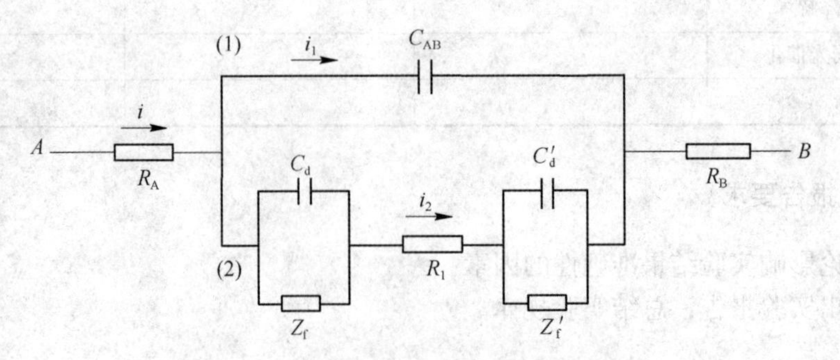

图 3-5 电解池交流阻抗等效电路图

图3-5中A和B分别表示电解池的研究电极和辅助电极两端，R_A和R_B表示电极本身的电阻，C_{AB}表示两电极之间的电容，R_l表示溶液电阻，C_d和C'_d分别表示研究电极和辅助电极的双电层电容。Z_f和Z'_f分别表示研究电极和辅助电极的交流阻抗，其数值决定于电学动力学参数及测量信号的频率，双电层电容C_d与交流阻抗的并联值称为界面阻抗，i、i_1、i_2分别代表总电流和流经（1）(2）支路的电流。

实际测量中，电极本身的内阻很小，或者可以设法减小，故R_A和R_B可忽略不计。又因两电极间的距离比起双电层厚度大得多，故电容C_{AB}比起双电层电容小得多，且并联分路（2）上的R_l不会太大，故并联分路（1）上的总容抗比并联分路（2）上的总阻抗大得多，因而$i_2 \gg i_1$，即可认为并联分路（1）不存在（相当于断路)，故C_{AB}可略去。于是图3-5的简化电路如图3-6所示。

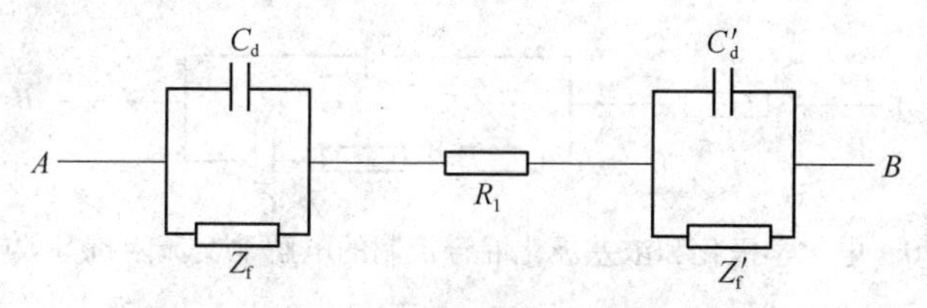

图3-6　电解池交流阻抗简化等效电路图（1）

为了测量研究电极的双电层电容和法拉第阻抗，可创造条件使辅助电极的界面阻抗忽略不计。如果辅助电极不发生电化学反应，即Z'_f非常大，又使辅助电极面积远大于研究电极面积，则C'_d很大，其容抗比并联电路上的Z'_f以及串联电路上其他元件的阻抗小得多，如同被C'_d短路一样。因此辅助电极的界面阻抗可以忽略，于是图3-6可以进一步简化，如图3-7所示。

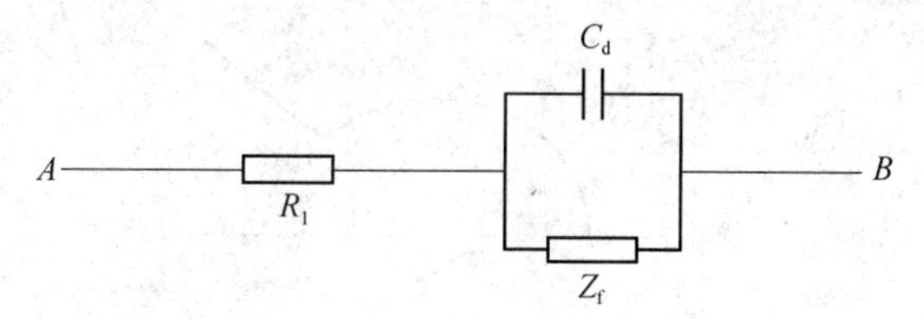

图3-7　电解池交流阻抗简化等效电路图（2）

根据电极过程的控制步骤，等效电路又分为以下几种。

（1）如果电极过程为电化学控制步骤，则通过交流电时不会出现反应粒子的浓度极化。无浓差极化下的电解池等效电路如图3-8所示。

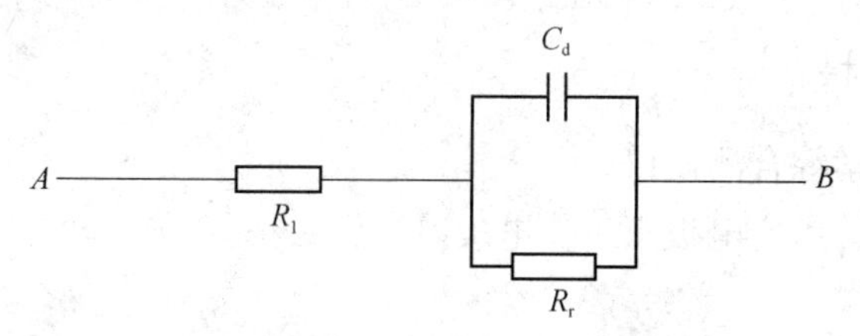

图3-8　只有电化学极化的电解池交流阻抗等效电路图

（2）如果电极过程为浓差极化控制步骤，电解池等效电路如图3-9所示，其中R_w和

C_W 分别为浓差电阻与浓差电容。

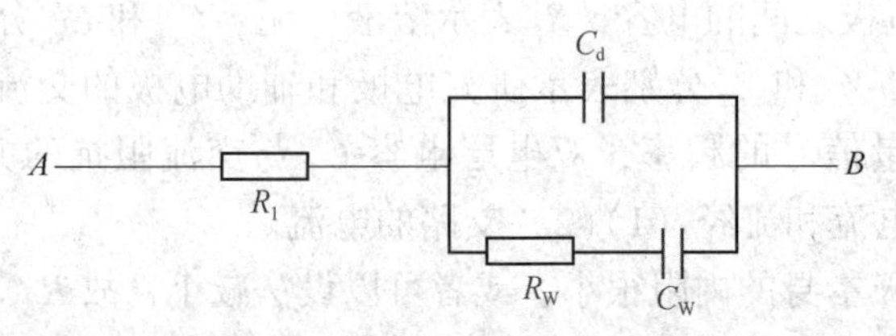

图 3-9 只有浓差极化的电解池交流阻抗等效电路图

（3）如果电极过程为电化学极化和浓差极化混合控制步骤，电解池等效电路如图 3-10 所示。

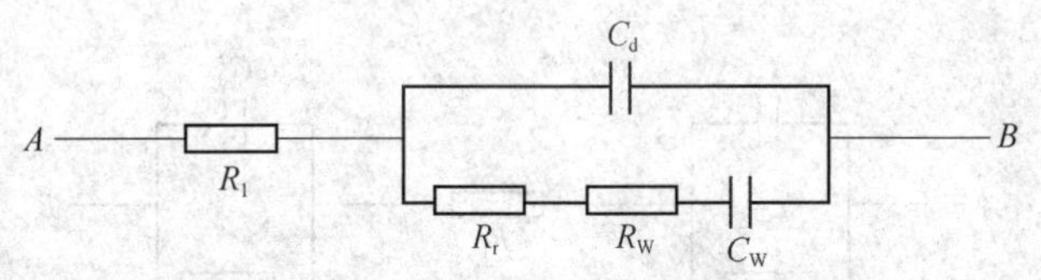

图 3-10 电化学极化和浓差极化混合控制的电解池交流阻抗等效电路图

如图 3-10 所示的等效电路的 Nyquist 示意图如图 3-11 所示。

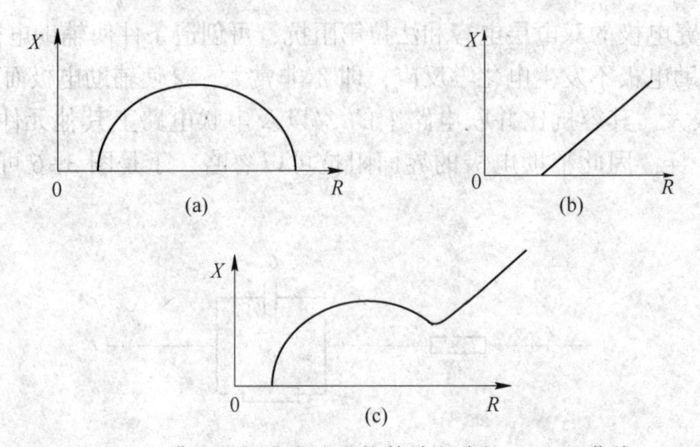

图 3-11 典型电解池交流阻抗等效电路的 Nyquist 曲线

对于纯扩散控制的电化学过程，如图 3-11（b）所示，双电层电容忽略不计。

由于等效中的电路原件值是与电极过程中的电解质和电极界面参数相关的，因此通过等效电路拟合，得到电路原件的数值，就可以获得需要的参数。

3.6.3 实验设备及材料

（1）设备：电化学综合测试仪。

（2）材料：硫酸，参比电极，工作电极。

3.6.4 实验步骤

（1）配置电解液。计算电解液溶质量，用量筒量取计算的浓硫酸量，在烧杯中稀释，并不断搅拌，使其冷却至室温用容量瓶定容。

（2）连接电化学工作站。将电解液倒入电解池中，连接三电极电路（工作电极、参比电极和对电极），注意不得断路、短路以及不良接触。

（3）设置实验参数，进行电化学测试。

（4）结束后关闭实验，拆装后清洗电极完毕后，将电极放回原处。

3.6.5　注意事项

（1）注意配置药品过程中的操作安全；

（2）注意电化学工作站连接顺序避免短路。

3.6.6　实验记录

根据所得数据，给出所测定电路的 Nyquist 图和 Bode 图。

3.6.7　实验报告要求

（1）简述实验目的和原理；

（2）写明操作步骤，记明实验条件；

（3）做出给出所测定电路的 Nyquist 图和 Bode 图，根据得到的曲线，做出所测电路的等效电路，并给出相关电路原件的数值。

3.6.8　思考题

（1）简述分析电路的原理。

（2）查阅相关资料，说明 Nyquist 图和 Bode 图的含义，并简要说明常见的用途，使用这两种曲线分析电路的方法。

（3）设计一种测量某未知溶液电导率的实验方法。

4 有色金属冶金实验分析

4.1 金相显微镜的构造与使用

4.1.1 实验目的

(1) 初步掌握金相显微镜的正确操作与常用显微镜的构造；

(2) 了解金相显微镜的光学原理及影响光学成像质量的因素。

4.1.2 实验原理

金相显微镜是由物镜、目镜、照明系统、光栏、样品台、滤色片及镜架组成。其有台式、立式和卧式等类型。金相法是根据物相在明视场、暗视场和正交偏光光路下的物理光学和化学性质，对照已知物相性质表，达到鉴别分析物相的目的。金相显微镜通常用来确定金相组织夹杂物的外形、分类、塑脆性等。金相显微镜的观察方法分为明视场、暗视场和正交偏光。

4.1.2.1 明视场

明视场是金相显微镜的主要观察方法。入射光线垂直或近似垂直地照射在试样表面，利用试样表面反射光线进入物镜成像，如图 4-1(a) 所示。它是用来观察材料的组织，析出相的形状、大小、分布及数量，并借助各种化学试剂，显示材料中的组织和析出相的化学性质。其还可与各种标准级别图作对比，进行钢中晶粒度和显微组织缺陷评级。

4.1.2.2 暗视场

暗视场是通过物镜的外周照明试样，并借助曲面反射镜以大的倾斜角照射到试样上。若试样是一个镜面，由试样上反射的光线仍以大的倾斜角反射，不可能进入物镜，故视场内是漆黑一片。只有在试样凹洼之处或透过透明夹杂而改变反射角，光线才有可能进入物镜，而被观察到。因此在暗场下能观察到夹杂物的透明度以及本身固有的颜色（体色）和组织，白光透过夹杂时，各色光会被选择吸收。不透明夹杂通常比基体更黑，有时在夹杂周围可看到亮边，如 TiN。这是由于一部分光由金属基体与夹杂交界处反射出来的缘故。明场观察到的色彩是被金属抛光表面反射光混淆后的色彩，称为表色，不是夹杂物本身固有的颜色。如氧化亚铜夹杂在明场下呈淡蓝色，而在暗场下却呈宝石红。显然物镜放大倍数愈大，鉴别率越高，颜色越清楚真实。由于暗场中入射光倾斜角大，使物镜的有效数值孔径增加，从而提高了物镜的鉴别能力。而且光线又不像明场那样两次经过物镜，降低了光线因多次通过玻璃—空气界面而引起的反射与炫光，使之大大提高了成像的质量。因此研究透明夹杂的组织比明场更清晰，如含镍的硅酸盐夹杂就能看到在球状夹杂上有骨架状明亮闪光红色的 NiO 析出物。

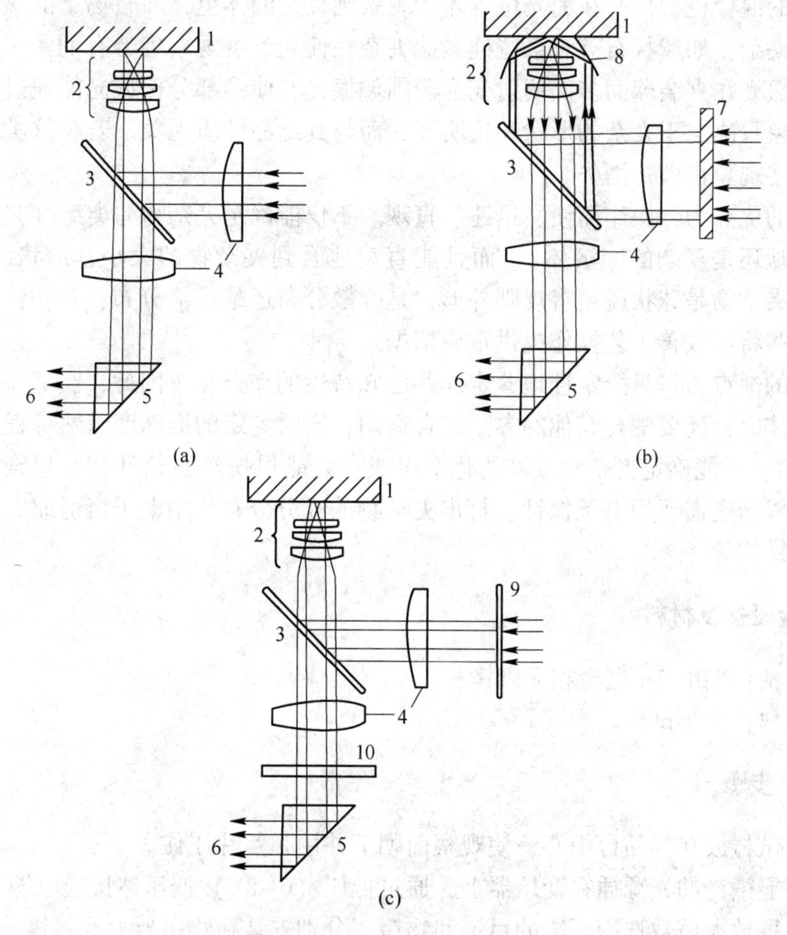

图 4-1　金相显微镜光路图

(a) 明场光路；(b) 暗场光路；(c) 偏光光路

1—试样；2—物镜；3—垂直照明器；4—集光镜；5—棱镜；6—至目镜；7—环形光栏；

8—曲面反射镜；9—起偏镜；10—检偏镜

4.1.2.3　正交偏光

偏光是在明场的光路中加入起偏镜和检偏镜构成的，如图 4-1(c) 所示。起偏镜是将入射的自然光变为偏振光。当偏振光投射到抛光金属试样表面时，它的反射光仍为偏振光，振动方向不变，因而不能通过与起偏镜正交的检偏镜，视场呈现黑暗的消光现象；当偏振光照射到各向异性的夹杂物上，反射光的振动方向发生改变，其中有一部分振动方向的光能够通过检偏镜进入目镜，因而在暗黑的基体中显示出来。旋转载物台 360°，各向同性夹杂亮度不会发生变化，而各向异性夹杂则出现四次暗黑和四次明亮现象。各向异性效应是区别夹杂物的重要标志。如在显微镜下锰尖晶石很容易误认为刚玉，但刚玉是各向异性夹杂，而尖晶石则是各向同性的，因此可以在偏光下加以区别。

偏光下不仅可以观察夹杂物的异性效应，还可观察夹杂物的颜色、透明度及黑十字现象。各向同性的透明夹杂在偏光下观察到的颜色和暗场下的颜色一致。如稀土硫化物夹杂在偏光下同样能观察到暗场下呈现的暗红色。对于各向异性透明的夹杂，观察到的颜色是体色和表色的混合色，只有在消光位置才能观察到夹杂的体色，即暗场下的颜色球状各向同性的透明夹杂，如球状石英和某些硅酸盐夹杂在偏光下可观察到特有的黑十字现象。它是由平面偏振光在夹杂球面多次反射变为椭圆偏振光，使一部分偏振光能通过检偏镜而形成的。该现象只决定于夹杂的形状和透明度，而与其结晶性质无关。若将这类夹杂稍锻轧变形，黑十字现象也即行消失。

金相法的优点为：操作简便、迅速、直观。不仅能确定夹杂物的类型（是氧化物、硫化物、硅酸盐还是复杂的固溶体），而且能直观地看到夹杂物的大小、形状、分布等等。比如能看到夹杂物是球状还是有规则外形；是弥散分布还是成群分布；是塑性夹杂还是脆性夹杂。这些将给改善工艺操作提供重要依据。

金相法的缺点为：只能定性地鉴定那些已知特性的夹杂物，因此，当遇到新的物质或复杂的固溶体时，还要配合其他的方法综合运用；同时鉴定的准确度与熟练程度有关（即主要靠经验），不能确定夹杂物准确的化学组成，只能根据经验估计；要想确定夹杂物准确的化学组成，还需要用电子探针，打出夹杂物的成分分布，用电子衍射或X射线衍射确定夹杂物的结构等。

4.1.3 实验设备及材料

（1）设备：XJB-3A 型金相显微镜；

（2）材料：光学试样。

4.1.4 实验步骤

（1）将试样放在样品台中心，使观察面朝下并用弹簧片压住。

（2）将显微镜的光源插在变压器上，通过低压（6~8V）变压器接通电源。

（3）根据放大倍数选用所需的目镜和物镜，分别安装在物镜架上及目镜筒内，先用低倍镜看全视场，再用高倍镜看，并使转换器转到固定位置（由定位器决定）。

（4）转动粗调手轮先使载物台下降，同时用眼观察，使物镜尽可能接近试样表面（物镜45×约0.7mm；20×约2mm；8×约9mm）。然后反向转动粗调手轮，使载物台渐渐上升以调节焦距。当视场亮度增强时再改用微调手轮调节，直到物相调整到最清晰的程度为止。

（5）适当调节孔径光阑和视场光阑，以获得最佳质量的物相。

（6）如果使用油浸系物镜，则可在物镜的前透镜上滴上一点松柏油，也可将松柏油直接滴在试样上，油镜头使用后应立即用棉花蘸取二甲苯溶液擦净，再用擦镜纸擦干。

4.1.5 注意事项

（1）操作时保证双手及奖品干净，不许把侵蚀未干的试样在显微镜下观察，以免腐蚀物镜；

（2）操作时必须特别小心，不能有任何剧烈的动作，光学系统下不许自行拆卸；

（3）显微镜头的玻璃部分和试样抹面严禁直接接触，若镜头中落有灰尘，可用镜头纸轻轻擦拭；

（4）显微镜的灯泡插头，切勿直接插入220V电源插座上，应该插在变压器上，否则烧坏灯泡；

（5）旋转粗调手轮时应该动作要慢，碰到某种阻碍时应该立即停止操作，报告指导教师，不得用力强行旋转，否则会损坏机件。

4.1.6 实验记录

记录实验仪器与观察到的实验现象。

4.1.7 实验报告要求

简要说明显微镜的构造及成像原理，并简述显微镜在使用过程中应该注意的实验事项。

4.1.8 思考题

（1）何为数值孔径？

（2）显微镜的放大倍数怎么通过物镜和目镜倍数计算？

4.2 岩相显微镜构造及物相分析原理

4.2.1 实验目的

（1）初步掌握岩相显微镜的正确操作与常用显微镜的构造；

（2）了解岩相显微镜的光学原理及影响光学成像质量的因素。

4.2.2 实验原理

岩相法是借助岩相显微镜，在透射光下测定透明矿物的物理光学性质，以鉴定和研究渣样、矿样物相的一种方法。它经常和X射线衍射分析配合，以确定物相的结构式。岩相显微镜是由目镜、勃氏镜、偏光镜、补偿器、物镜、样品台、聚光镜、光阑、光源反射镜、光源和机架等部分组成。补偿器有石膏试板、云母试板和石英楔子，用以在正交偏光下测定矿物干涉色和晶体延性符号。显微镜插上不同部件，可构成单偏光、正交偏光和锥光三种光路视场。

4.2.2.1 单偏光

观察在光路中仅插入下偏光镜（起偏镜），在偏光下观察物相的形状、大小、数量、分布、透明度、颜色、多色性及解理。透明矿物显示的颜色是由于矿物对白光选择吸收的结果，又称体色，如锰尖晶石呈棕红色、硫化锰呈绿色。刚玉本应是无色透明的，但由于常含有各种微量杂质而呈现各种颜色，如含铅为红色，含钛为蓝色，含铁或锰为玫瑰色。对于立方晶系或非晶质的均质体，光学性质各方向一致，故只有一种颜色；但对正方、三方、六方、斜方及单斜晶系等非均质体，光学性质具有各向异性，颜色随光在矿物中的传播方向及偏振方向而变化。在单偏光下旋转样品、矿物颜色及浓度都发生变化，前者称为多色性，后者称为吸收性。例如铬硅酸盐的多色性为黄—绿—深绿，锰橄榄石为棕红—淡红—蓝绿色。

单偏光下常用油浸法测定矿物的折光率。将矿物浸没在已知折光率的介质中。若两者折光率相差很大，矿物的边缘、糙面、突起和贝克线（由于相邻两介质的折光率不同，而产生沿矿物边部的细亮带）等现象明显，矿物轮廓清楚。提升镜筒时，贝克线向折光率高的方向移动；下降镜筒时，贝克线向折光率较小介质方向移动。根据贝克线移动方向就可知矿物的折光率是大于还是小于浸油。不断更换浸油，直到浸油和矿物折光率相近或相等，矿物的边缘、糙面、突起变得不明显甚至消失时，此时浸油的折光率即为矿物的折光率值。

4.2.2.2　正交偏光

观察在单偏光光路的基础上，加入上偏光镜（检偏镜），即构成正交偏光光路，可对矿的消光性和干涉色级序等光学性质进行测定。偏光通过均质体矿物后，振动方向不发生变化，所以光不能通过上偏光镜，视场呈黑暗消光现象，转动物台出现全消光。非均质体矿物因光学性质各向异性，光射入矿物发生双折射，产生振动方向互相垂直的两条偏光。当其振动方向和上下偏光镜的振动方向一致时，从下偏光镜出来的偏光，经过矿物时不改变其振动方向，因而通不过上偏光镜，故出现消光现象。旋转物台一周，由于出现四次这种情况，所以出现四次消光现象。而其他位置因产生双折射而改变从下偏光镜出来的偏光振动方向，使一个与上偏光镜振动方向平行的分偏振光能通过上偏光镜而出现四次明亮现象。在正交偏光下观察到有四次消光现象的矿物，一定是非均质矿物。

非均质矿物在不发生消光的位置上发生另一种光学现象——干涉现象。因双折射产生振动方向和折光率都不相同的两条偏光，必然在矿物中具有不同的传播速度，因而透过矿物后，它们之间必有光程差，因此就会发生干涉现象。由于光程差与波长有关，所以以白光为光源时，白光中有些波长因双折射产生的两束光，通过上偏光镜后因相互干涉而加强。另一些波长的光通过检偏镜后因相干涉而抵消，所有未消失的各色光混合起来便构成了与该光程差相应的特殊混合色，它是由白光干涉而成，称为干涉色。

根据光程差的大小，出现五个级序的干涉色。第一级序里没有鲜蓝和绿色，由黑、灰、白、黄、橙、紫红色构成；其他级序依次出现蓝、绿、黄、橙、红等干涉色，级序越高、颜色越浅越不纯。灰白色是第一级序的特征，每个级序之末均为紫红色。五级以上由于近于白色，又称高级白。

4.2.2.3　锥光

观察在正交偏光的基础上再加上聚光镜，换用高倍物镜（如63倍），转入勃氏镜于光路中，便构成锥光系统如图4-2所示，以便测定矿物的干涉图、轴性和光性正负等光学性质。其中聚光镜是由一组透镜组成，是把下偏光镜上来的平行偏光变成偏锥光。勃氏镜是一个凸透镜，与目镜一起放大锥光干涉图。

在偏锥光中除中央一条光线是垂直射入矿物外，其余均倾斜入射，越靠外倾角越大，产生的光程差一般也越大。非均质矿物光学性质是各向异性的，因此当许多不同方向入射光同时进入矿物后，到上偏光镜时所发生的消光和干涉现象也不同。所以在锥光镜下所观察到的应是偏锥光中各个入射光至上偏光镜所产生的消光和干涉现象的总和，结果产生了各式各样特殊的干涉图形。锥光下正是根据干涉图及其变化来确定非均质矿物的轴性（一轴晶或二轴晶）和光性正负等性质。均质矿物在正交偏光下呈全消光，因此锥光下不产生干涉图。

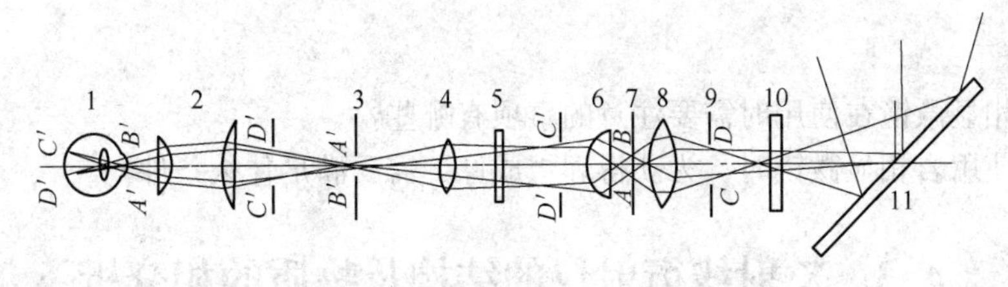

图 4-2 锥光光学系统光路图

1—眼睛；2—目镜；3—视场光栏；4—勃氏镜；5—上偏光镜；6—物镜，7—物平面；
8—聚光镜；9—孔径光栏；10—下偏光镜；11—反光镜

光轴是指矿物不发生双折射的特殊方向。一轴晶有一个光轴，二轴晶有两个光轴。光射入一轴晶矿物，由双折射产生的两条偏光，其一振动方向永远和光轴垂直，各方向折光率相等，称为常光折光率 N_o；另一偏光振动方向包含在光波传播方向及光轴所构成的平面上，其折光率随方向而异，称为非常光折光率 N_e。即一轴晶有两个主折光率 N_e 和 N_o，所以单偏光下有两个主要颜色。若 $N_e>N_o$，则称正光性晶体；若 $N_e<N_o$，则称负光性晶体。二轮晶有三个主折光率 N_g、N_m 和 N_p，所以单偏光下矿物应该有三个主要颜色。其中 N_g 为最大折光率，N_p 为最小折光率，N_m 为中间折光率。当 $N_g-N_m>N_m-N_p$ 时，称为正光性晶体；当 $N_g-N_m<N_m-N_p$ 时，称为负光性晶体。

4.2.3 实验设备及材料

（1）设备：Axio Lab. A1 pol 型岩相显微镜，变压器。

（2）材料：光学试样。

4.2.4 实验步骤

（1）将试样放在样品台中心，使观察面朝下并用弹簧片压住。

（2）将显微镜的光源插在变压器上，通过低压（6~8V）变压器接通电源。

（3）根据放大倍数选用所需的目镜和物镜，分别安装在物镜架上及目镜筒内。先用低倍镜看全视场，再用高倍镜看，并使转换器转到固定位置（由定位器决定）。

4.2.5 注意事项

（1）操作时双手及样品干净，不许把侵蚀未干的试样在显微镜下观察，以免腐蚀物镜；

（2）操作时必须特别小心，不能有任何剧烈的动作，光学系统下不许自行拆卸；

（3）显微镜头的玻璃部分和试样抹面严禁直接接触，若镜头中落有灰尘，可用镜头纸轻轻擦拭。

4.2.6 实验记录

记录实验仪器与观察到的实验现象。

4.2.7 实验报告要求

简要说明显微镜的构造及成像原理，并简述显微镜在使用过程中应该注意的实验事项。

4.2.8 思考题

(1) 岩相显微镜在使用时需要注意的事项有哪些?

(2) 在使用岩相显微镜时，为获得理想成像，需要满足什么条件?

4.3 X射线衍射仪的结构及物质的相分析

4.3.1 实验目的

(1) 了解X射线衍射仪的结构、原理及操作方法;

(2) 掌握PDF卡和索引方法，并对物质进行分析。

4.3.2 实验原理

X射线物相分析的任务是利用X射线衍射方法，对试样中由各种元素形成的具有固定结构的化合物进行定性和定量分析。其分析结果不是试样的化学成分，而是由各种元素形成的具有固定结构的化合物的组成和含量。

4.3.2.1 原理

任何一种晶体物质（包括单质元素、固溶体和化合物）都有其确定的点阵类型和晶胞尺寸，晶胞中各原子的性质和空间位置也是一定的，因而对应有特定的衍射花样。即使该物质存在于混合物中也不会改变，所以可以像根据指纹来鉴别人一样，根据衍射花样来鉴别晶体物质。因为由衍射花样上各线条的角度位置所确定的晶面间距 d，以及它们的相对强度 I/I_1 是物质的固有特性，所以一旦未知物质衍射花样的 d 值和 I/I_1 与已知物质PDF卡片相符，便可确定被测物的相组成。

4.3.2.2 PDF卡片

自1942年，美国材料试验协会出版了衍射数据卡片，称为ASTM卡片。1969年成立了粉末衍射标准联合会，并由该联合会负责编辑出版粉末衍射卡片，简称PDF卡片。用这些卡片作为被测试样 d—I 数据组的对比依据，从而鉴定出试样中存在的物相。其中，卡片上包含:

(1) d 栏。含有四个晶面间距数项，前三项为从衍射图谱的 $2\theta<900$ 中选出的三根最强衍射线所对应的面间距，第四项为该物质能产生衍射的最大面间距。

(2) I/I_1栏。含有的四个数项，分别为上述各衍射线的相对强度，这是以最强线的强度作为100的相对强度。

(3) 实验条件栏。其中包括: Rad.(辐射种类), λ(波长), Filter(滤波片), Dia.(相机直径), Cut off(相机或测角仪能测得的最大面间距), Coll.(入射光阑尺寸), I/I_1(衍射强度的测量方法), Ref.（本栏目和第8栏目的资料来源）。

(4) 晶体学数据栏。其中包括: Sys.(晶系), S.G.(空间群), a_0、b_0、c_0(晶轴长度), A(轴比 a_0/b_0), C(轴比 c_0/b_0), α、β、γ(晶轴夹角), Z(晶胞中相当于化学式的原子或分子的数目), Ref.(本栏目资料来源)。

(5) 光学性质栏。其中包括: $\varepsilon\alpha$、$n\omega\beta$、$\varepsilon\gamma$(折射率), Sign(光性正负), $2V$(光轴夹

角)，D(密度)，D_X(X 射线法测量的密度)，mp(熔点)，Color(颜色)，Ref.(本栏目资料来源)。

(6) 备注栏。其中包括试样来源、制备方法和化学成分，有时也注明升华点(S. P.)、分解温度（D. T.）、转变点（T. P.）和衍射测试的温度等。

(7) 名称栏。其中包括物相的化学式和英文名称，有机物则为结构式。在化学式之后常有一个数字和大写英文字母的组合说明。数字表示单胞中的原子数；英文字母表示布拉维点阵类型。右上角的符号标记表示为：* 表示数据高度可靠；i 表示已指标化和估计强度，但可靠性不如前者；O 表示可靠性较差；C 表示衍射数据来自理论计算。

(8) 数据栏。其中包括列出衍射线条的晶面间距 d，相对强度 I/I_1，衍射晶面指数 hkl。

4.3.2.3 PDF 卡片索引

索引是一种能帮助实验者从数万张卡片中迅速查到所需卡片的工具书。目前常用的索引有以下两种：

(1) 数字索引。当被测物质的化学成分和名称完全未知时，可利用此索引。在此索引中，每一张卡片占一行，其中列出八根强线的 d 值和相对强度，物质的化学式和卡片号。

(2) 字母索引。当已知被测样品的主要化学成分时，可应用字母索引查找卡片。字母索引是按物质英文名称第一个字母的顺序编排的，在同一元素档中又以另一元素或化合物名称的字头为序，在名称后列出化学式、三强线的 d 值和相对强度，最后给出卡片号。对多元素物质，各主元素和化合物名称都分别列在条目之首，编入索引。

4.3.2.4 定性分析方法

定性分析方法包括以下几个部分：

(1) 获得衍射花样。用照相法或衍射仪法测定其粉末衍射花样。

(2) 计算各衍射线对应的面间距 d 值，记录各线条的相对强度，按 d 值顺序列成表格。

(3) 当已知被测样品的主要化学成分时，利用字母索引查找卡片，在包含主元素的各物质中找出三强线符合的卡片号，取出卡片，核对全部衍射线，一旦符合，便可定性。

(4) 在试样组成元素未知情况下，利用数字索引进行定性分析。首先在一系列衍射线条中选出强度排在前三名的 d_1、d_2、d_3，在索引中找出 d_1 所在的大组，然后按次强线 d_2 的数值在大组中查找各 d 值都符合的条目。若符合，则按编号取出卡片，最后对比被测物和卡片上的全部 d 值和 I/I_1。若 d 值在误差范围内符合，强度基本相当，则可认为定性分析完成。检索 PDF 卡片可以用人工检索，也可以用计算机自动检索。

4.3.3 实验设备及材料

(1) 设备：X 射线衍射仪，计算机系统。

(2) 材料：未知相得金属试样，PDF 卡片。

4.3.4 实验步骤

(1) 试样制备。

(2) 选择合适的靶材和参数，对待测试试样进行测量，得到 X 射线衍射图谱。

（3）确定各衍射线条 d 值及相对应强度 I/I_1，以 $I-2\theta$ 曲线峰位求得 d，以确定曲线峰高或积分面积得 I/I_1 值，配备微机的衍射仪则可直接打印或读出 d 与 I/I_1 值。

（4）物相均为未知时，使用数值索引，将各线条 d 值按强度递减顺序排列。按三强线条 d_1、d_2、d_3 的 $d-I/I_1$ 数据查数值索引。

（5）核对 PDF 卡片判定物相，将衍射花样全部 $d-I/I_1$ 值与检索到的 PDF 卡片核对，若一一吻合，则卡片所示相即为待分析相。

（6）根据高角度的衍射面指数 hkl 和 θ 大小，利用外推法或最小二乘法计算真实点阵常数。

4.3.5 注意事项

（1）开机前必须先开启循环冷却水；

（2）在样品制备过程中，样品的颗粒度应该严格控制；

（3）注意安全，不要随便动仪器上的零部件，关紧衍射仪的防辐射门后，再开始加压扫描；

（4）扫描完成后，关掉高压方可取出试样；

（5）关机后必须等待 20min 以上才能关闭循环冷却水。

4.3.6 实验记录

记录实验参数，根据实验数据，查阅索引及 PDF 卡片，标定待测相。

4.3.7 实验报告要求

（1）绘制测量得到的 X 射线衍射图谱，并标定出衍射峰所对应的晶面指数；

（2）计算晶格常数，并与理论值对比，分析误差产生的原因。

4.3.8 思考题

（1）X 射线衍射分析中如何根据材料选择靶材？

（2）点阵常数的精确计算为什么选择高角度晶面衍射数据？

4.4 扫描电子显微镜的结构及显微组织观察

4.4.1 实验目的

（1）了解扫描电子显微镜的基本结构、成像原理及主要功能；

（2）掌握扫描电子显微镜样品制备方法；

（3）掌握二次电子形貌像观察方法。

4.4.2 实验原理

扫描电子显微镜具有由三极电子枪发出的电子束经栅极静电聚焦后成为直径为 50mm 的电光源。在 2~30kV 的加速电压下，经过 2~3 个电磁透镜所组成的电子光学系统，电子束会聚成孔径角较小，束斑为5~10nm的电子束，并在试样表面聚焦。末级透镜上边装有扫描线圈，在其作用下，电子束在试样表面扫描。高能电子束与样品物质相互作用产生二次电子，背反射电子和X射线等信号。这些信号分别被不同的接收器接收，经放大后用来调制荧光屏的亮度。由于经过扫描线圈上的电流与显像管相应偏转线圈上的电流同步，因此，试样表面任意点发射的信号与显像管荧光屏上相应的亮点一一对应。也就是说，电子束打到试样上一点时，在荧光屏上就有一亮点与之对应，其亮度与激发后的电子能量成正比。换言之，扫描电镜是采用逐点成像的图像分解法进行的。光点成像的顺序是从左上方开始到右下方，直到最后一行右下方的像元扫描完毕就算完成一帧图像。这种扫描方式叫作光栅扫描。

扫描电子显微镜由电子光学系统、信号收集及显示系统、真空系统及电源系统组成(以下提到扫描电子显微镜之处，均用SEM代替)。

4.4.2.1 真空系统和电源系统

真空系统主要包括真空泵和真空柱两部分。真空柱是一个密封的柱形容器。

真空泵用来在真空柱内产生真空，其分为机械泵、油扩散泵以及涡轮分子泵三大类。机械泵加油扩散泵的组合可以满足配置钨枪的SEM的真空要求，但对于装置了场致发射枪或六硼化镧枪的SEM，则需要机械泵加涡轮分子泵的组合。成像系统和电子束系统均内置在真空柱中。真空柱底端为密封室，用于放置样品。之所以要用真空，主要基于以下两点原因：

(1) 电子束系统中的灯丝在普通大气中会迅速氧化而失效，所以除了在使用SEM时需要用真空以外，平时还需要以纯氮气或惰性气体充满整个真空柱；

(2) 为了增大电子的平均自由程，从而使得用于成像的电子更多。

4.4.2.2 电子光学系统

电子光学系统由电子枪、电磁透镜、扫描线圈和样品室等部件组成。其作用是用来获得扫描电子束，作为产生物理信号的激发源。为了获得较高的信号强度和图像分辨率，扫描电子束应具有较高的亮度和尽可能小的束斑直径。

A 电子枪

电子枪的作用是利用阴极与阳极灯丝间的高压产生高能量的电子束。目前大多数扫描电镜采用热阴极电子枪，其优点是灯丝价格较便宜，对真空度要求不高；缺点是钨丝热电子发射效率低，发射源直径较大，即使经过二级或三级聚光镜，在样品表面上的电子束斑直径也在5~7nm，因此仪器分辨率受到限制。目前，高等级扫描电镜采用六硼化镧(LaB_6)或场发射电子枪，使二次电子像的分辨率达到2nm。但这种电子枪要求很高的真空度。

B 电磁透镜

电磁透镜的作用主要是把电子枪的束斑逐渐缩小，将原来直径约为50mm的束斑缩小成一个只有数纳米的细小束斑。其工作原理与透射电镜中的电磁透镜相同。扫描电镜一般有三个聚光镜，前两个透镜是强透镜，用来缩小电子束光斑尺寸，第三个聚光镜是弱透镜，具有较长的焦距，在该透镜下方放置样品可避免磁场对二次电子轨迹的干扰。

C 扫描线圈

扫描线圈的作用是提供入射电子束在样品表面上以及阴极射线管内电子束在荧光屏上

的同步扫描信号。改变入射电子束在样品表面扫描振幅，以获得所需放大倍率的扫描像。扫描线圈是扫描点晶的一个重要组件，它一般放在最后二透镜之间，有的也放在末级透镜的空间内。

D 样品室

样品室中主要部件是样品台。它不仅能进行三维空间的移动，还能倾斜和转动，样品台移动范围一般可达 40mm，倾斜范围至少在 50°左右，转动 360°。样品室中还要安置各种型号检测器，信号的收集效率和相应检测器的安放位置有很大关系。样品台还可以带有多种附件，例如样品在样品台上加热、冷却或拉伸，进行动态观察等。近年来，为适应断口实物等大零件的需要，还开发了可放置尺寸在 ϕ125mm 以上的大样品台。

4.4.2.3 信号检测放大系统

信号检测放大系统的作用是检测样品在入射电子作用下产生的物理信号，然后经视频放大作为显像系统的调制信号。不同的物理信号需要不同类型的检测系统，大致可分为三类，分别为电子检测器、阴极荧光检测器和 X 射线检测器。在扫描电子显微镜中最普遍使用的是电子检测器，它由闪烁体、光导管和光电倍增器所组成。

当信号电子进入闪烁体时，将引起电离；当离子与自由电子复合时，会产生可见光。光子沿着没有吸收的光导管传送到光电倍增器进行放大并转变成电流信号输出，电流信号经视频放大器放大后就成为调制信号。这种检测系统的特点是在很宽的信号范围内具有正比于原始信号的输出，具有很宽的频带（10Hz~1MHz）和高的增益（105~106Hz），而且噪声很小。由于镜筒中的电子束和显像管中的电子束是同步扫描，荧光屏上的亮度是根据样品上被激发出来的信号强度来调制的，而由检测器接收的信号强度随样品表面状况不同而变化，那么由信号监测系统输出的反应样品表面状态的调制信号在图像显示和记录系统中就转换成一幅与样品表面特征一致的放大的扫描像。

4.4.3 实验设备及材料

（1）设备：扫描电子显微镜；

（2）材料：金属标准试样。

4.4.4 实验步骤

（1）试样制备；

（2）将准备好的试样用导电胶黏在样品座上，样品抽真空；

（3）高倍率下聚焦，选择观察区域，选用适当的放大倍数拍照；

（4）保存图像。

4.4.5 注意事项

同一次装入的样品，高度差不要太大。

4.4.6 实验记录

记录样品类型、倍率、选择成像和图形处理的整个操作过程。

4.4.7 实验报告要求

(1) 记录实验参数，记录实验观察的样品形貌；
(2) 说明扫描电子显微镜的工作原理和基本结构。

4.4.8 思考题

(1) 用扫描电子显微镜进行相貌分析有哪些特点？
(2) 简述扫描电子显微镜（二次电子）图像衬度的原理。
(3) 获得高质量图像与哪些因素有关？

4.5 透射电子显微镜的结构与样品的制备

4.5.1 实验目的

(1) 了解透射电子显微镜的基本结构、成像原理及主要功能；
(2) 识别金属试样的微观形貌；
(3) 掌握透射电子显微镜复型样的制备方法；
(4) 掌握样品的制备方法。

4.5.2 实验原理

透射电子显微镜是一种具有高分辨率、高放大倍数的电子光学仪器，被广泛应用于有色金属冶金等研究领域。透射电子显微镜可用于矿石的微区的组织形貌观察、晶体缺陷分析和晶体结构测定。

4.5.2.1 透射电子显微镜的工作原理

透射电子显微镜的成像原理是由照明部分提供的由一定孔径角和强度的电子束平行的投影到处于物镜平面的样品上，通过样品和物镜的电子束在物镜后焦面上形成衍射振幅极大值（即第一幅衍射谱）。通过聚焦（调节物镜激磁电流），使物镜的像平面与中间镜的物平面相一致；中间镜的像平面与投影镜的物平面相一致；投影镜的像平面与荧光屏相一致，这样在荧光屏上就观察到一幅依次经物镜、中间镜和投影镜放大后有一定衬度和放大倍数的电子图像。由于试样各微区的厚度、原子序数、晶体结构或晶体取向不同，电子束的强度或产生差异，因而在荧光屏上就显现出试样微区特征的显微电子图像。

4.5.2.2 透射电子显微镜的结构

透射电子显微镜一般由电子光学系统、真空系统、电源及控制系统三大部分组成，透射电子显微镜外观照片如图 4-3 所示 。

4.5.2.3 复型图像的分析

试样表面形貌、复型和复型图像之间存在着对应关系，由复型图像可以推断试样表面的形貌特点。在分析复型图像时，既要根据图像的衬度关系弄清楚复型图像的对应关系，又要根据制备复型和投影方向搞清楚复型形态与试样表面形貌的对应关系，才能正确解释复型图像。

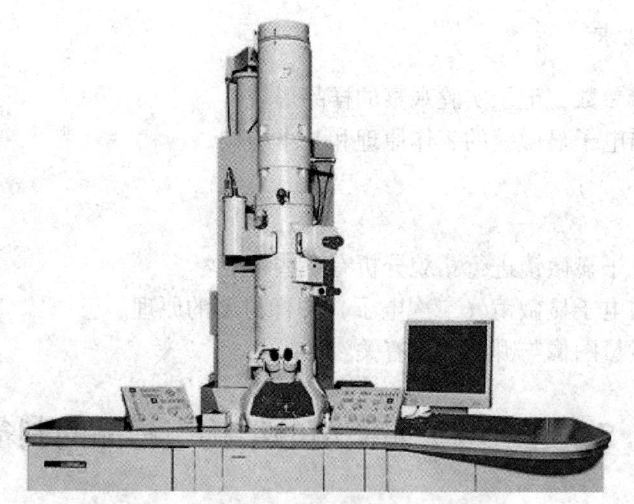

图 4-3 透射电子显微镜外观照片

4.5.2.4 复型样品的制备

透射电子显微镜时，靠穿透样品的电子束成像，要求被观察的样品不影响入射电子束穿透。电子束穿透固体样品的能力，主要取决于加速电压和样品物质原子序数，一般来说，适宜的样品厚度约200nm。制备样品需要一些特殊方法，复型就是其中之一。

复型是指样品表面形貌的复制，即把金相试样或矿石试样表面经反应后产生的显微组织浮雕复制到一种很薄的膜上，然后把复制薄膜放到透射电子显微镜下观察。

4.5.3 实验设备及材料

（1）设备：透射电镜；

（2）试样：金相复型试样，醋酸纤维素，丙酮溶液。

4.5.4 实验步骤

（1）在样品表面滴一滴丙酮，然后贴上一片与样品大小接近的 AC 纸，干透后揭下，得到塑料一级复型。

（2）将一级复型放入真空镀膜机的真空室中，沿着倾斜方向“投影”铬，再沿垂直方向喷镀一层碳。

（3）将醋酸纤维—碳复合膜剪成小于 3mm 小片投入丙酮中，待醋酸纤维素溶解后，用镊子夹住铜网将碳膜捞起。把碳膜放到滤纸上，吸水干燥后即可放入电镜中观察。

（4）将试样放入样品室，并抽真空，加电子枪高压。

（5）选择感兴趣的区域，观察图像，拍照保存。

4.5.5 注意事项

（1）注意透射电子显微镜的操作安全；

（2）注意样品的保护。

4.5.6 实验记录

记录透射电子显微镜的各部分结构和作用，记录透射电子显微镜的试样的制备方法。

4.5.7 实验报告要求

（1）说明透射电子显微镜的基本结构；
（2）简述透射电子显微镜电子光学系统的组成及各部分作用；
（3）记录和分析实验所拍的电子图谱。

4.5.8 思考题

（1）透射电子显微镜中主要有哪些光阑，有什么作用，并在哪些位置？
（2）样品在透射电子显微镜下的衬度是如何形成的？

4.6 能谱仪分析有色金属中的夹杂物

4.6.1 实验目的

（1）了解X射线能谱仪的结构特点和工作原理；
（2）掌握运用能谱仪分析有色金属中的夹杂物的方法。

4.6.2 实验原理

各元素有自己的X射线特征波长，特征波长的大小取决于能级跃迁过程中释放出的特征能量ΔE，能谱仪就是利用不同元素X射线光子特征能量不同这一特点来进行成分分析的。

4.6.2.1 能谱仪的工作原理

在能量电子束照射下，样品原子受激发就会产生特征X射线。不同元素所产生的射线一般都不同，所以相应的X射线光子能量就不同，只要能测出射线光子的能量，就可以找到相对应的元素。这就是对元素进行定性和定量分析的理论基础。

当不同能量的X射线光子进入探测器后，产生电子—空穴对，放大后的信号进入多道林冲分析器，把不同能量的X射线光子分开来，并在输出设备（如显像管）上显示出脉冲数—脉冲高度曲线，这样就可以测出X射线光子的能量和强度，从而得出所分析元素的种类和含量。

4.6.2.2 能谱的分析方法

能谱的分析方法主要包括以下几种：

（1）点分析，即对样品表面选定微区做定点的全谱扫描，进行定性或半定量分析，并对其含元素的质量分数进行定量分析；

（2）线扫描分析，即电子束沿样品表面选定的直线轨迹进行所含元素质量分数的定性或半定量分析；

（3）面扫描分析，即电子束在样品表面做光栅式的面扫描，以特定元素的X射线的信号强度满足阴极射线管荧光开的亮度，获得该元素质量分数分布的扫描图像。

4.6.2.3 能谱仪工作特点

能谱仪具有如下特点：

(1) 分析速度快。能谱仪可以同时接受和检测所有不同能量的X射线光子信号，故可在几分钟内分析和确定样品中含有的所有元素。

(2) 灵敏度高。X射线收集立体角大，由于仪中S(L) 探头可以放在离发射源很近的地方（10cm左右），无须经过体衍射，信号强度几乎没有损失，所以灵敏度高。

(3) 谱线的复性好。由于能谱仪没有运动部件，稳定性好，且没有聚焦要求，所以谱线峰值位的复性好且不存在失焦问题，适合于比较粗糙表面的分析工作。

4.6.3 实验设备及材料

(1) 设备：透射电镜，能谱分散谱仪（见图4-4)。

(2) 试样：金相复型试样，醋酸纤维素，丙酮溶液。

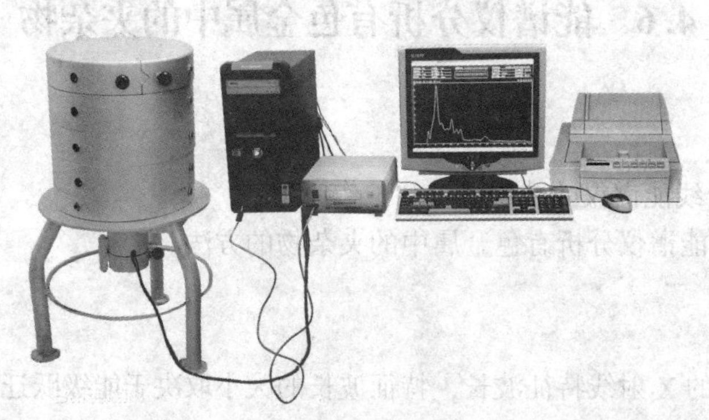

图4-4 能谱分散谱仪

4.6.4 实验步骤

(1) 制备试样；

(2) 将准备好的样品用导电胶黏贴在样品座上，放入样品室抽真空；

(3) 选择夹杂物进行能谱微区成分分析，保存谱线及数据。

4.6.5 注意事项

(1) 注意扫描电子显微镜的安全操作；

(2) 样品要抛光。

4.6.6 实验记录

记录能谱仪的整体操作过程，对试样结果进行观察，得到点、线、面的夹杂物成分分析。

4.6.7 实验报告要求

(1) 说明能谱仪的基本结构；

（2）根据扫描电镜所观察的样品微观形貌与能谱仪所测得能谱曲线对样品中夹杂物的类型和分布进行综合分析。

4.6.8 思考题

（1）X 射线为什么不能分析轻元素？

（2）能谱仪的应用对有色金属块中夹杂物的分析有哪些帮助？

4.7 差热分析

4.7.1 实验目的

（1）了解 TG、DTA 及 TG-DTA 联用热分析仪的原理和实验技术；

（2）掌握试样化学反应过程中热分解温度的测量方法；

（3）掌握试样化学反应过程中质量变化的测量方法；

（4）通过热分析数据的处理计算，从而研究材料的反应过程；

（5）提高学生的动手能力和创新能力。

4.7.2 实验原理

热重法（Thermogravimetry，简称 TG）是指在程序控制温度下，测量物质的质量与温度的关系的一种技术。为了能够实时并自动地测量和记录试样质量随温度的变化，一台热重分析仪至少应由以下几部分组成：

（1）装有样品支持器并能实现实时记录的自动称量系统；

（2）记录器；

（3）炉子和炉温程序控制器。

其中装有样品支持器并能实时记录的自动称量系统是热天平最为重要的部分。热天平按试样与天平刀线之间的相对位置划分，有上皿式、下皿式和水平式三种。现在大多数的热天平都是根据天平梁的倾斜与质量变化的关系进行测定的。通常测定质量变化的方法有变位法和零位法两种。上皿式零位型天平的应用最为广泛，这种热天平在加热过程中试样无质量变化时仍能保持初始平衡状态；当试样有质量变化时，天平就失去平衡，发生倾斜，立即由传感器检测并输出天平失衡信号，这一信号经测重系统放大、用以自动改变平衡复位器中的电流，使天平重回平衡状态，即所谓的零位。平衡复位器的线圈电流与试样质量变化成正比，因此，记录电流的变化即能得到加热过程中试样质量连续变化的信息。而试样温度同时由测温热电偶测定并记录，于是得到试样质量与温度（或时间）关系的曲线。

物质在加热或冷却过程中会发生物理变化或化学变化，与此同时，往往还伴随吸热或放热现象。伴随热效应的变化，有晶型转变、沸腾、升华、蒸发、熔融等物理变化，以及氧化还原分解、脱水和离解等化学变化。另有一些物理变化，虽无热效应发生，但比热容等某些物理性质也会发生改变，这类变化包括玻璃化转变等。物质发生焓变时质量不一定改变，但温度必定会变化，差热分析是在物质这类性质基础上建立的一种技术，往往能给出比热重法（TG）更多关于试样的信息，是应用最广的一种热分析技术。

差热分析（Differential Thermal Analysis，简称 DTA）是指在程序控制温度下，测量物质和参比物之间的温度差与温度（或时间）关系的一种技术。用数学式表达为 $\Delta T = T_s - T_r(T$ 或 $t)$，式中 T_s，T_r 分别代表试样及参比物温度，T 是程序温度；t 是时间。试样和参比物的温度差主要取决于试样的温度变化。

DTA 仪由以下几部分组成：

（1）样品支持器；

（2）程序控温的炉子；

（3）记录器；

（4）检测差热电偶产生的热电势的检测器和测量系统；

（5）气氛控制系统。

若将呈热稳定的已知物质（即参比物）和试样一起放入一个加热系统中，并以线性程序温度对它们加热。在试样没有发生吸热或放热变化且与程序温度间不存在温度滞后时，试样和参比物的温度与线性程序温度是一致的，即 $\Delta T(T_s - T_r)$ 为零时，两温度线重合，在 ΔT 曲线上则为一条水平基线。若试样发生放热变化，由于热量不可能从试样瞬间导出，于是试样温度偏离线性升温线，且向高温方向移动，而参比物的温度始终与程序温度一致，即 $\Delta T>0$，在 ΔT 曲线上是一个向上的放热峰；反之，在试样发生吸热变化时，由于试样不可能从环境瞬间吸收足够的热量，从而使试样温度低于程序温度，即 $\Delta T<0$，在 ΔT 曲线上是一个向下的吸热峰。只有经历一个传热过程，试样才能回复到与程序温度相同的温度，由于是线性升温，得到的 ΔT-t(或 T) 图，即差热曲线（或 DTA 曲线)，表示试样和参比物之间的温度差随时间或温度变化的关系。

测量温度差的系统是 DTA 仪中的一个基本组成部分。试样和参比物分别装在两只坩埚内，其温度差是两副相同热电偶反接构成的差热电偶测定的。用毫克级试样时，ΔT 通常是一个很小的值，产生的热电势为几十至数百微伏。由差势电偶输出的微伏级直流电势，需经电子放大器放大后与测温热电偶测得的温度信号同时由记录器记录下来，于是得到差热曲线。

一般来说，每种热分析技术只能了解物质性质及其变化的某一或某些方面，在解释得到的结果时往往也有局限性。现在广泛采用的联用技术就是以多种热分析技术联合使用为主的一种新技术。最常见的联用技术是 TG-DTA(或 DSC）联用，如图 4-5 所示。使用这种兼有两种功能的热分析仪器，在同一次测量中利用同一样品可同步得到热重与差热信息，使 TG 和 DTA(或 DSC）曲线对应性更佳，有助于判别物质热效应是由物理过程引起，还是由化学过程引起。因此综合运用多种热分析技术，能获得有关物质及其变化的更多知识，还可以相互补充和相互印证，对所得实验结果的认识也就全面深入和可靠得多。

由于上皿式热天平存在许多优点，所以当 TG 和 DTA 联用时，多采用这种方式。该方式把原有的 TG 样品支持器换成了能同时适用于 TG 和 DTA 测试的样品支持器，实现了同时记录质量、温度和温度差。不仅能自动实时处理 TG 和 DTA 数据，还能利用分析软件得到外推起始温度、差热峰的峰顶温度和峰面积等数据，对 TG 曲线进行一次微分计算可得到热重微分曲线（DTG 曲线)。

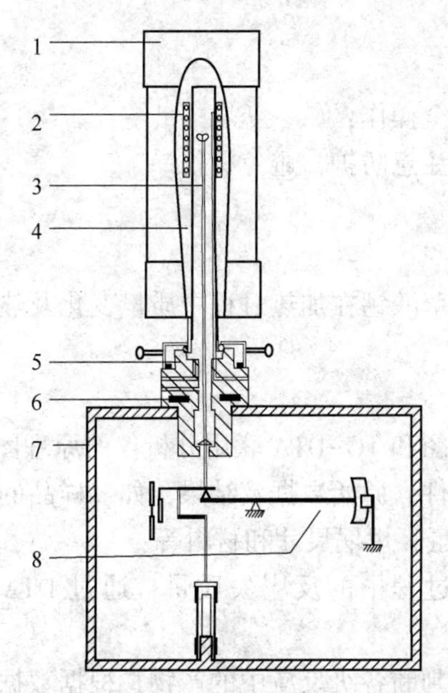

图 4-5 TG-DTA 联用型热分析仪器的原理构造图

1—炉子；2—加热元件；3—样品支持器；4—保护管；5—连接头；6—恒温控制；7—箱体；8—热天平

4.7.3 实验设备及材料

（1）设备：热分析仪；

（2）材料：试样材料。

4.7.4 实验步骤

（1）实验设计。根据实验的目的与要求，设计合理的实验方案，如：样品的名称和质量；起始温度、终止温度和升温速率；反应气氛的设置及样品坩埚类型的选择等。

（2）预热与样品准备。测量前，打开总电源、控制器和计算机，并打开冷却循环水，预热 30min。用电子天平精确称量含水草酸钙样品。

（3）装样。打开测量部分，上移并旋转炉子，分别把空坩埚和装有样品的坩埚放在支架座内，旋转并下移炉子，关闭测量部分。打开天平保护气体 Ar 50mL/min 和载气阀门。

（4）软件操作。打开 RSZ 热分析数据采集分析系统，选择新采集，设置样品文件名称、序号和质量，设置 DTA 和 TG 的取值范围，以及采样间隔和反应气氛，设置初始、终止温度、升温速率。等 TG 信号稳定达到预热时间后，选择确定，仪器自动开始测量。

（5）数据处理。测量过程中可从计算机屏幕上直接观察样品质量、样品吸（放）热与温度关系曲线，可点击 RSZ 热分析数据采集分析系统中的曲线分析，进行即时分析和计算。达到最终温度后，样品测量完毕，计算机控制自动断开加热电源，自动开始降温。通过分析软件进行修正和处理，计算反应的几个阶段的失重量、几个阶段的起始反应温度和输出测量数据。

（6）结束操作。等炉子降到低于 250℃时，打开测量部分，并旋转炉子，取出样品。关掉保护气阀门，关掉计算机和冷却循环水，以及控制器和电源开关，实验结束。

4.7.5 注意事项

（1）注意热分析仪的安全操作；

（2）样品在升温过程中注意防护，避免烫伤。

4.7.6 实验记录

用 TG-DTA 法测量含水草酸钙在加热过程中质量变化及热分解温度。

4.7.7 实验报告要求

（1）绘出实验设备示意图和 TG-DTA 联用分析仪的原理图，并简述其原理；

（2）列出全部的实验条件、原始数据及结果，如：样品的名称和质量，起始温度、终止温度和升温速率，反应气氛，坩埚尺寸和材料等；

（3）TG 曲线计算反应过程中的反应失质量，通过 DTA 曲线计算反应的起始反应温度；

（4）结合以上计算结果判断各级反应中的产物，根据数据处理计算结果，判断含水草酸钙含几个结晶水，写出各级反应的化学反应方程式。

4.7.8 思考题

（1）如果升温速度增大，每阶段草酸钙分解质量会发生怎样的变化？

（2）如果升温速度增大，草酸钙分解温度会发生怎样的变化？

（3）如果样品室内混有氧气，DTA 曲线会发生怎样的变化？

（4）分析误差的来源。

4.8 硝酸钠晶体和熔盐结构的激光 Raman 光谱测定

4.8.1 实验目的

（1）掌握 Raman 散射的原理；

（2）观察离子晶体在固态和熔融状态 Raman 光谱的不同；

（3）学习 Raman 光谱法测定熔盐结构的方法。

4.8.2 实验原理

4.8.2.1 Raman 散射的原理

Raman 散射是 1928 年由印度物理学家 Raman 发现的，是分子对入射光所产生的频率发生较大变化的一种散射现象。

从力学的观点来看，光由光子组成，这是光的粒子性。当光照射样品时，光子与样品分子间的相互作用可以用光子与样品分子之间的碰撞来解释。如果这种碰撞是弹性的碰撞，即只导致运动方向改变而未引起能量交换，因此光子的能量不变，其频率也不改变。这就是 Rayleigh 散射产生的原因。如果光子和样品分子间发生非弹性碰撞，即光子除改变运动方向外还有能量的改变，一部分能量碰撞时在光子和样品之间发生交换，光子的能量有所增减，则光的频率就会发生改变。整个过程中，系统保持能量守恒。

光子和样品分子之间的作用也可以从能级之间的跃迁来分析，如图 4-6 所示。

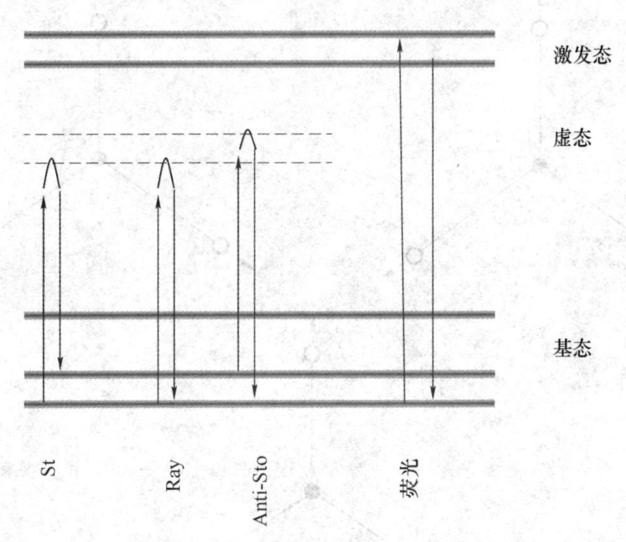

图 4-6 Raman 散射过程能量跃迁示意图

通常，被测分子处于电子能级的基态和振动能级基态。入射光子的能量远大于振动能级跃迁所需要的能量，但又不足以将分子激发到电子能级激发态。这样，被测分子吸收光子后到达一种准激发状态，又称作虚能态。样品分子在准激发态时是不稳定的，它将会迅速向基态回跳。若分子回到振动能级基态，则光子的能量未发生改变，发生 Rayleigh 散射；如果被测分子回到某一较接近基态的振动激发态，则散射光子的能量小于入射光子的能量，其波长大于入射光，这时散射光谱中在 Rayleigh 线低频侧将出现一根 Raman 散射光的谱线，称作 Stokes 线；如果被测分子在与入射光子作用前的瞬间不是处于最低振动能级，而是处于某个振动能级激发态，在入射光光子使其跃迁到虚能态后，该分子退回到振动能级基态，这样散射光能量大于入射光子能量，其谱线位于 Rayleigh 线的高频侧，称作 Anti-Stokes 线。Stokes 线和 Anti-Stokes 线位于 Rayleigh 线两侧，间距相等。

由于虚能态极不稳定，因此跃迁的时间常数非常小，一般约为 $10^{-9} \sim 10^{-12}$s；而荧光过程由于经历了电子激发态，并在激发态区间有一弛豫过程，时间常数则相对大得多，一般在 $10^{-3} \sim 10^{-8}$s 左右。

Raman 频移与物质分子的振动/转动能级有关，不同物质分子有不同的振动/转动能级，因而有不同的 Raman 频移。对于同一物质，使用不同频率的入射光，则会产生不同频率的 Raman 散射光，但是 Raman 频移值一定。因此，$\Delta\nu$ 是表征物质分子振动/转动能级特性的物理量，这就是通过对物质的 Raman 光谱测定能够鉴定和研究物质分子基团结构的基本原理。

4.8.2.2 $NaNO_3$ 的振动形式与 Raman 光谱

$NaNO_3$ 中的振动离子团为 NO_3^-，NO_3^- 为对称的等边三角形结构，O 原子处于三角形的定点，N 原子处于三角形的中心，属于 D_{3h} 点群，根据群论，NO_3^- 有三个振动模是具有拉曼活性的（不计双声子振动），即 $A_1'+2E'$，如图 4-7 所示。

因此，$NaNO_3$ 的 Raman 光谱有三个 Raman 振动峰。

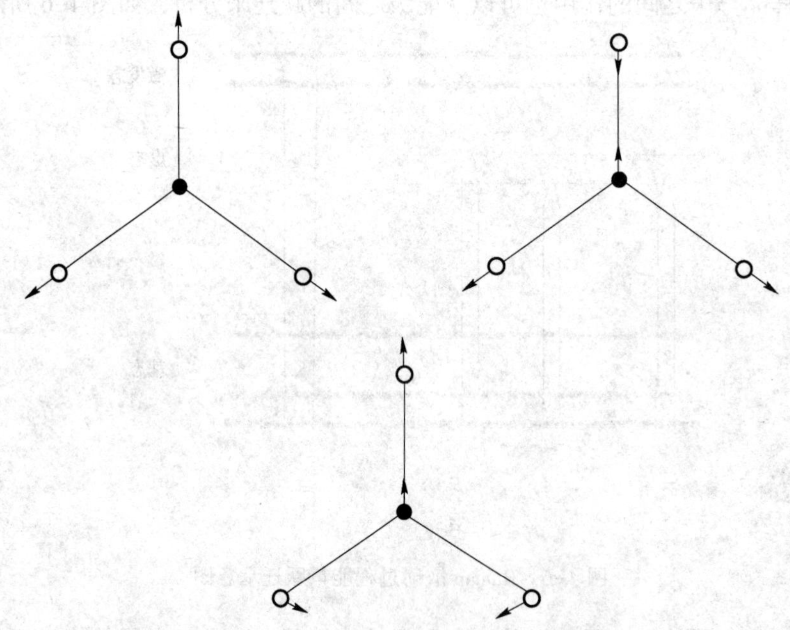

图 4-7 NO_3^- 的三种简正振动模式

4.8.3 实验设备及材料

（1）设备：Horiba Jobin Yvon HR800 型激光 Raman 光谱仪，显微加热台，电源。

（2）材料：铂坩埚，石英片。

4.8.4 实验步骤

（1）依次打开电脑、Raman 光谱仪主机控制器和紫外发射激光器，再打开 LabSpec 光谱仪软件，设置 CCD 温度为-70℃。

（2）光谱仪的检测和标定。将 LabSpec 软件操作界面上的 Laser、Filter、Hole、Grating 和 Lens 等参数设定后，使用标准 Si 样品进行校正。其步骤为：

1）将光栅位置 Spectrometer 移动到 Zero；

2）将焦点聚到样品后，使用单窗口模式，采集谱图，检测谱峰中心位置；

3）如谱峰中心不在 0nm 处，进入 Setup=>Instrument Calibration，以正负 5 为步长调整 Zero 的值，使谱峰中心移动到 $0cm^{-1}$ 处；

4）将 Spectrometer 重新移动到 Zero 处，采谱；

5）重复 3）、4）两步骤，直到所采谱线达到所需要求；

6）移动 Spectrometer 到 Si 一阶峰 $520.7cm^{-1}$ 处，用与上面叙述相同的方法进行校正。

（3）将 $NaNO_3$ 晶体装入铂坩埚中，压实。

（4）测定常温下 $NaNO_3$ 晶体的 Raman 光谱。设定 Laser、Filter、Hole、Grating、Lens 以及 Extended range 和 Acquisition 等参数后，将焦点聚到 $NANO_3$ 样品后，进行 Raman 光谱

的测定。

(5) 测定高温 $NaNO_3$ 熔盐的 Raman 光谱。将盛有 $NaNO_3$ 药品的铂坩埚置于显微热台中，对热台通电，使 $NaNO_3$ 熔化，聚焦后，采用原来设定的参数进行 Raman 光谱的测定。

(6) 对所得到 Raman 光谱进行去基线处理后，对其进行峰位拟合，得到各峰的 Raman 频移、强度和半高宽等数据。

(7) 比较 $NaNO_3$ 在固态和熔融态下 Raman 光谱的差异。

4.8.5 注意事项

(1) $NaNO_3$ 晶体具有吸水性，使用前应烘去其附着水，并在干燥箱内存放；

(2) Raman 光谱仪属于高精度光学设备，房间温度应保持在 23℃，湿度应保持在 60℃以下，室内保持清洁；

(3) 进行 $NaNO_3$ 熔盐 Raman 光谱测定时要避免熔盐挥发物损害镜头和仪器；

(4) 光谱仪主机和外接激光器上不得倚靠及放置重物。

4.8.6 实验记录

将实验数据填写在表 4-1 和表 4-2 中。

表 4-1 固态 $NaNO_3$ Raman 峰参数

振动模式	Raman 位移/cm^{-1}	半高宽/cm^{-1}
ω_1		
ω_3		
ω_4		

表 4-2 熔融态 $NaNO_3$ Raman 峰参数

振动模式	Raman 位移/cm^{-1}	半高宽/cm^{-1}
ω_1		
ω_3		
ω_4		

4.8.7 实验报告要求

(1) 简述实验目的和原理；

(2) 写明操作步骤，记明实验条件；

(3) 做出常温和高温熔融状态下 $NaNO_3$ 的 Raman 光谱，并列出通过分析拟合得到的各 Raman 峰的位移和半高宽；

(4) 通过对所得 Raman 峰的比较，讨论 $NaNO_3$ 中的离子团在固态和熔融态状态下的结构变化。

4.8.8 思考题

(1) 所得到的 Raman 光谱的横坐标是什么，其物理含义是什么，改变入射激光的频率是否会对其数值产生影响?

（2）简述高温 Raman 光谱测定实验与常温测定实验有何不同。

（3）查阅相关资料，列举几种研究高温熔盐结构的方法。

4.9　分光光度法测定镍、铁含量

4.9.1　实验目的

（1）掌握紫外可见分光光度法的基本原理，以及朗伯比尔定律及影响因素，定性、定量分析方法；

（2）了解和掌握分光光度法测定镍、铁含量的原理和操作。

4.9.2　实验原理

朗伯比尔定律：当一束平行单色光通过含有吸光物质的稀溶液时，溶液的吸光度与吸光物质浓度、液层厚度乘积成正比，即

$$A = Kcl$$

式中，比例常数 K 与吸光物质的本性、入射光波长及温度等因素有关；c 为吸光物质浓度，mol/L；l 为透光液层厚度，cm。

配制一系列不同含量的标准溶液，选用适宜的参比，在相同的条件下，测定系列标准溶液的吸光度，作 A-c 曲线，即标准曲线，也可用最小二乘数处理，得线性回归方程。

在相同条件下测定未知试样的吸光度，从标准曲线上就可以找到与之对应的未知试样的浓度。

4.9.3　实验设备

紫外可见分光光度计 1 台。

4.9.4　实验步骤

（1）丁二酮肟光度法测定镍。其步骤为：

1）称取 0.5g 试样于 250mL 的烧杯中，加 15mL 盐酸、10mL 硝酸和 5mL 硫酸，加 0.5g 氟化氨，加热分解试样至冒白烟，冷却；加入沸水溶解冷却后，移入 100mL 容量瓶中，定容。

2）吸取一定量溶液于 100mL 容量瓶中，滴加 200g/L 氢氧化钠溶液至氢氧化铁沉淀析出，再加盐酸中和至沉淀刚好溶解，加水稀释至 30~40mL。

3）依次加入 10mL 500g/L 酒石酸钾钠溶液、10mL 5g/L 氢氧化钠溶液、10mL 50g/L 过硫酸铵溶液和 10mL 10g/L 丁二酮肟溶液。

4）静置 15min，用水定容；在 500nm 处测定其吸光度。

（2）磺基水杨酸光度法测定铁。其步骤为：

1）称取 0.2g 试样放置于盐酸溶液中，加入几滴 H_2O_2 后，加热至沸腾，沸腾保持 2min，使 H_2O_2 全部分解；趁热过滤，冷却；移入 100mL 容量瓶中，定容。

2）吸取一定量溶液于50mL容量瓶中，加入10mL 25g/L磺基水杨酸溶液，滴加氨水至溶液颜色由紫色变黄色，再过量4mL，冷却后，以水定容；测其在430nm处的吸光度。

4.9.5　注意事项

（1）分光光度法测定金属离子的含量需要首先绘制标准曲线；

（2）要选择灵敏度高的显色剂。

4.9.6　数据处理

将实验数据填入表4-3中。

表4-3　实验记录表　（质量分数）

磁性产品中镍含量/%	磁性产品中铁含量/%	非磁性产品中镍含量/%	非磁性产品中铁含量/%

4.9.7　编写报告

（1）简述实验原理；

（2）记明实验条件和数据；

（3）计算磁性产品和非磁性产品中镍、铁的含量。

4.9.8　思考题

（1）分光光度法测定离子浓度需注意哪些事项？

（2）分光光度法标准曲线标定时，需注意哪些问题？

4.10　衍生气相色谱法测定焙烧矿气体中的氟化物

4.10.1　实验目的

（1）了解氟碳铈矿及包头混合稀土精矿焙烧过程的气相反应；

（2）掌握气相色谱仪分析气相物质含量的方法。

4.10.2　实验原理

氟碳铈矿为铈氟碳酸盐矿物，常和一些含稀土元素的矿物生在一起，如褐帘石、硅铈石和氟铈矿等。而氟碳铈矿往往就是氟铈矿发生蚀变后形成的。氟碳铈矿为片状、块状，是具有重要工业价值的铈族稀土元素（轻稀土）矿物，属氟碳酸盐类型。稀土元素含量（质量分数）（以RE_2O_3计）一般为75%，六方晶系，晶体呈板状，通常呈细粒状集合体，颜色为黄、浅绿或褐色，具有玻璃光泽或油脂光泽，硬度4~4.5，密度4.72~5.12g/cm^3，具放射性和弱磁性，溶于稀盐酸和硫酸，在磷酸中迅速分解。其主要产于碱性岩、碱性伟晶岩及有关的热液矿床中，是提取铈、镧的重要矿物原料，还可用于合成橡胶、人造纤维和有机合成等。

氟碳铈矿温焙烧时会分解释放出二氧化碳气体，生成氟氧铈，随着温度升高氟氧铈进一步氧化分解为氧化铈，并伴有脱氟行为，其反应方程如下：

$$RECO_3F = REOF + CO_2$$

独居石是一种中酸性岩浆岩和变质岩中较常见的副矿物，也存在于一些沉积岩中。不论岩浆成因或变质成因，其同位素年龄的地质意义都较为清楚。独居石为单斜晶系，晶体为板状或柱状，因经常呈单晶体而得名。其颜色为棕红色或黄色，有时为褐黄色，油脂光泽，解理完全，莫氏硬度5~5.5，密度4.9~5.5g/cm^3，常具放射性。其主要作为副矿物产于花岗岩、正长岩、片麻岩和花岗伟晶岩中，与花岗岩有关的热液矿床中也有产出。

包头混合稀土精矿主要由氟碳铈矿和独居石组成，由于独居石不能直接溶于酸溶液，所以必须先将其在一定温度下分解为氧化物。为了提高分解率，向其加入一定量的碱土氧化物及助溶剂，其化学反应为：

$$2REFCO_3 + CaO = CaF_2 + RE_2O_3 + 2CO_2$$

$$2REPO_4 + 3CaO = Ca_3(PO_4)_2 + RE_2O_3$$

衍生气相色谱法利用化学衍生反应，将待测组分转变为满足气相色谱分析要求的一种气相色谱新技术。通过衍生处理，不仅可以增大试样的挥发性和稳定性，使原来难以进行气相色谱分析的试样转变成适于色谱分析的试样，而且还可用此法达到改善分离效果，帮助未知物定性以及提高检测灵敏度和增加定量可靠性等目的。其中，衍生方法有硅烷化法、酯化法、酰化法、卤化法、醚化法、环化法及无机试样衍生法等，可根据试样所含官能团和性质选择合适的方法进行实验分析。

4.10.3 实验设备及材料

(1) 设备：GC122气相色谱仪，天平，DW-702控温的箱式电阻炉，恒温水浴箱，烘箱，多孔波板吸收管，顶空气化瓶，注射器，填充柱。

焙烧气体的吸收装置如图4-8所示。

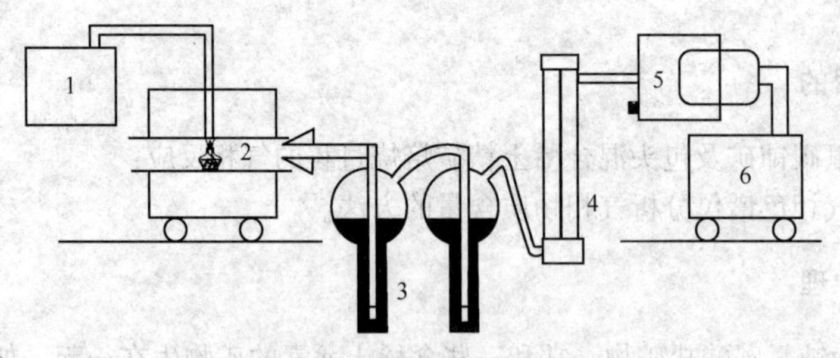

图4-8 焙烧气体吸收装置

1—控温仪；2—焙烧矿物；3—吸收装置；4—流量计；5—真空泵；6—直流稳压电源

(2) 材料：氟碳铈矿，包头混合稀土精矿，纯CaO、$CaCl_2$、NaCl试剂，三甲基氯硅烷，盐酸，氟化钠。

4.10.4 实验步骤

实验步骤包括以下两个部分：

（1）氟化氢吸收操作。其操作步骤为：

1）10g 矿放入不锈钢舟中，在 750℃的箱式电阻炉内焙烧 1h，用多孔波板吸收管吸收反应产生的气体；

2）收液移入顶空气化瓶，用去离子水补至 20mL，加 5mL 浓度为 6mol/L 的盐酸，10μL 三甲基氯硅烷，盖紧；

3）在 45~50℃下水浴 20~50min，取液上气体 1mL 进行分析。

（2）FID 恒温分析操作。其操作步骤为：

1）连接载气、空气和氢气的外气路并检漏；

2）安装好老化过的色谱柱；

3）打开载气源，旋转低压调节杆，直至载气低压表指示为 3.5~63.5kg/cm^2，调节填充柱气路面板上的两个载气稳流阀旋钮，将 A、B 两路载气流量调至适当值；

4）打开主机电源，分别设置柱箱、离子化室和进样品 B 温度；

5）打开微电流放大器电源开关，将面板上各开关置成所需状态；

6）记录仪调零；

7）待进样品 B、离子化室及柱箱温度平衡后，打开空气和氢气气源，旋转低压调节杆，直至空气低压表指示为 3~6kg/cm^2，氢气低压表指示为 2~3.5kg/cm^2，调节填充柱气路面板上空气和氢气针形阀旋钮，将 A、B 两路空气和 A、B 两路氢气调节至适当流量；

8）点火，按动主机箱两个点火按钮，火焰点燃后，记录笔会偏离原来位置；

9）用 FD 放大器上“粗”“细”基流补偿旋钮将记录笔调至适当位置，待基线稳定后即能开始进样分析；

10）恢复 FID 检测器为双检测工作方式，将 FID 放大器的衰减开关及灵敏度开关置成所需状态，调节调零旋钮，使记录笔处于适当位置；

11）待基线稳定后，且观察微机温度控制器上各被控对象的实际温度显示值，待其都恒定在设定值上后，即可进样，并同时按下“起始”键，启动程序升温，直至下降灯变亮，即完成一次程序分析；

12）每种矿吸收液重复三次，取峰高的平均值对照标准曲线计算氟含量。

4.10.5 实验要求

（1）对每个步骤的实验条件和所得到的数据做好详细的记录，保存好原始记录；

（2）实验结束后，写出实验报告，回答思考题。

4.10.6 注意事项

（1）检测器是高灵敏度检测器，必须用高纯度的载气（99.99% N_2），而且载气、氢气及空气应经净化器净化；

（2）操作温度平衡之前将氢气及空气源关闭，以防检测器内积水；

（3）点火时，不要使按钮按下的时间过长，以免损坏点火圈；

（4）使用仪器最高灵敏度档或程序升温分析时，所用的色谱柱应经过老化；

（5）仪器开机后，应先通载气再升温，待 FD 检测器温度超过 100℃时方能点火；

（6）仪器关机时应先关闭氢气（灭火），然后降温，再关闭载气。

4.10.7 思考题

（1）写出氟碳铈矿以及包头混合稀土精矿析出氟化氢的反应方程式。
（2）影响气相色谱仪测量氟含量的因素有哪些？

参考文献

[1] 邱竹贤. 有色金属冶金学 [M]. 北京: 冶金工业出版社, 1988.
[2] 张明远, 等. 冶金工程实验教程 [M]. 北京: 冶金工业出版社, 2012.
[3] 陈伟庆. 冶金工程实验技术 [M]. 北京: 冶金工业出版社, 2004.
[4] 赵延昌. 有色冶金实验 [M]. 沈阳: 东北大学出版社, 1993.
[5] 李卫峰, 等. 河南铅冶炼的现状及发展思考 [M]. 北京: 冶金工业出版社, 2008.
[6] 杨重愚. 氧化铝生产工艺学 [M]. 北京: 冶金工业出版社, 1982.
[7] 中南矿冶学院冶金教研室. 氯化冶金 [M]. 北京: 冶金工业出版社, 1976.
[8] 天津大学. 化工原理 [M]. 天津: 天津科学技术出版社, 1980.
[9] 马慧娟. 钛冶金学 [M]. 北京: 冶金工业出版社, 1987.
[10] 马肇曾. 应用无机化学实验方法 [M]. 北京: 高等教育出版社, 1990.
[11] 鞍钢钢铁研究所, 等. 使用实用冶金分析—方法与基础 [M]. 沈阳: 辽宁科学出版社, 1990.
[12] 蔡树型, 黄超. 贵金属分析 [M]. 北京: 冶金工业出版社, 1958.
[13] 董英. 常用有色金属资源开发与加工 [M]. 北京: 冶金工业出版社, 2005.
[14] 钮因健. 有色金属工业科技创新 [M]. 北京: 冶金工业出版社, 2008.
[15] 任鸿九, 王立川. 有色金属提取手册 (铜镍) [M]. 北京: 冶金工业出版社, 2000.
[16] 重有色金属冶炼设计手册编委会. 重有色金属冶炼设计手册 (铜镍卷) [M]. 北京: 冶金工业出版社, 1996.
[17] 赵天从. 重金属冶金学 (上册) [M]. 北京: 冶金工业出版社, 1981.
[18] 赵天从. 重金属冶金学 (下册) [M]. 北京: 冶金工业出版社, 1981.
[19] Chen W J, 等. 铜的火法冶金 (1995 年铜国际会议论文集) [M]. 邓文基, 等译. 北京: 冶金工业出版社, 1998.
[20] 陈新民, 等. 火法冶金过程物理化学 [M]. 北京: 冶金工业出版社, 1984.
[21] 东北工学院重冶教研室. 密闭鼓风炉炼铜 [M]. 北京: 冶金工业出版社, 1974.
[22] 许并杜, 李明照. 铜冶炼工艺 [M]. 北京: 化学工业出版社, 2007.
[23] 傅崇说. 有色冶金原理 [M]. 北京: 冶金工业出版社, 1993.
[24] 株冶《冶金读本》编写小组. 铜的精炼 [M]. 长沙: 湖南人民出版社, 1973.
[25] 罗庆文. 有色冶金概论 [M]. 北京: 冶金工业出版社, 2004.
[26] Kachaniwsky, et. al. Proceedings of the international symposium on the impact of oxygen on the productivity of non-ferrous metallurgical processes [M]. Pergamon Press, 1987.
[27] Mackey P J. The physical chemisitry of copper smelting slags [M]. A Reveew, 1980.
[28] 翟秀静. 重金属冶金学 [M]. 北京: 冶金工业出版社, 2016.
[29] 吴润, 刘静, 等. 金属材料工程实践教学综合实验指导书 [M]. 北京: 冶金工业出版社, 2008.
[30] 金秀慧, 孙如军, 等. 能源与动力工程专业课程实验指导书 [M]. 北京: 冶金工业出版社, 2017.